四时饮白茶 岁岁做年少

二十四节气与福鼎白茶

主编·林有希

海峡出版发行集团
THE STRAITS PUBLISHING & DISTRIBUTING GROUP
福建科学技术出版社
FUJIAN SCIENCE & TECHNOLOGY PUBLISHING HOUSE

图书在版编目（CIP）数据

二十四节气与福鼎白茶 / 林有希主编 . —福州：福建科学技术出版社，2023.3

ISBN 978-7-5335-6966-2

Ⅰ . ①二… Ⅱ . ①林… Ⅲ . ①二十四节气 – 关系 – 茶文化 – 福鼎 – 通俗读物 Ⅳ . ① TS971.21–49

中国国家版本馆 CIP 数据核字（2023）第 039159 号

书　　名	二十四节气与福鼎白茶
主　　编	林有希
出版发行	福建科学技术出版社
社　　址	福州市东水路76号（邮编350001）
网　　址	www.fjstp.com
经　　销	福建新华发行（集团）有限责任公司
印　　刷	福建新华联合印务集团有限公司
开　　本	700毫米×1000毫米　1/16
印　　张	16.5
字　　数	242千字
插　　页	2
版　　次	2023年3月第1版
印　　次	2023年3月第1次印刷
书　　号	ISBN 978-7-5335-6966-2
定　　价	68.00元

书中如有印装质量问题，可直接向本社调换

序 一

PREFACE

上世纪 70 年代，我在中国农业科学院茶叶研究所工作，从事茶树栽培研究。福鼎县因为培育国优茶树良种福鼎大白茶、福鼎大毫茶，向全国各地输送优质茶树品种而闻名，我到福鼎专门总结茶叶高产优质技术，也第一次接触白茶类，福鼎给我留下了茶乡印象，后来我多次来福鼎参观考察。

让我印象深刻的是有一次在福鼎陪同日本客人，我不慎患感冒，咽喉肿痛，他们建议我用煮老白茶和着冰糖喝，不需用其他药物来治疗咽喉肿痛，果然，一天见效，第二天症状消失，第三天病症根除。发生在我身上的事情至今铭记。

2008 年，我与鲁成银等 7 位茶叶专家受福鼎市政府的邀请，研讨福鼎白茶的发展定位，考察福鼎太姥山与各产茶乡镇，多次讨论，形成了《福鼎白茶共识》：一，"源于福鼎、文化丰厚"，福鼎是白茶之王——白毫银针的发祥地。二，"品质优异、康体养颜"，福鼎生态环境宜茶，栽培加工技术先进，质量控制严格，形成个性鲜明的优异品质特征。白茶活性成分丰富。民间有用白茶来清热退烧、治疗麻疹的习惯，现代科学研究表明白茶具有增强免疫力、抗氧化、延缓衰老、抑菌消炎的显著功效，是人类康体养颜之珍品。三，"创新发展、前景广阔"，创新白茶新工艺，研发白茶新产品，可以满足人们对健康生活的需求。我们预测这颗茶界的璀璨明珠必将为人类健康造福，为构建和谐社会做出巨大贡献。

如今全国掀起白茶热，正是福鼎白茶在引领。回眸14年的福鼎白茶发展之路，由衷感到我们那个时候判断的准确性，福鼎白茶为人类健康做出贡献，我们也为福鼎茶人精心打造福鼎白茶品牌而感到骄傲。

福鼎白茶的兴起，我认为是茶文化在引领。据悉，关于福鼎白茶正规出版的书籍有30多本。福鼎市茶文化研究会编撰了《二十四节气与福鼎白茶》，这是在福鼎茶文化发展进程中，又一本富含文化书卷气的书籍。它把茶文化和中华传统文化——二十四节气有机地结合起来，把福鼎的生态环境、二十四节气的气候与茶事相连，同时用大量的篇幅描述福鼎当地的民俗、民谚及候应，二十四节气适饮的白茶品类，6条各具特色的茶旅线，还原创二十四节气白茶食谱、剪纸，二十四节气与白茶相关的诗词；更有二十四家茶企配合编写。品读后认为它是一本难得的科普读物。

福鼎白茶发展到今天，需要绿色高质量发展，其中生态管理茶园尤其重要。书中的茶事部分，重视病虫害防治，生态平衡，提出以草治草，生物农药管控茶叶病虫害，这些都符合时下的生态理念。主编福鼎市茶文化研究会会长林有希是我多年的朋友，很早就提出"涵养大地，关爱生命"的理念，正是践行生态保护的初心。

受其之托，是为序！

姚国坤

2022 年 11 月 22 日（小雪）

（序者姚国坤，是著名茶文化学者，中国国际茶文化研究会常务副秘书长、学术委员会副主任）

序 二

PREFACE

习近平总书记 2021 年 3 月在福建考察时强调，要统筹做好茶文化、茶产业、茶科技这篇大文章，坚持绿色发展方向，强化品牌意识，优化营销流通环境，打牢乡村振兴的产业基础。对福鼎来说，习近平总书记的这番话可谓切中肯綮：乡村振兴，茶是非常重要的产业。而三茶统筹，文化居首。福鼎白茶公共品牌日益走强，就是以茶文化为引领。福鼎白茶的文化系统中蕴含着历史文化、健康文化、民俗文化、生态文化、时尚文化、海洋文化等。2011 年，福鼎白茶制作技艺被列入国家级非物质文化遗产名录；2017 年，福鼎白茶文化系统被农业农村部授予中国重要农业文化遗产，同时被列入全球重要农业文化遗产预备名单。虽然如此，福鼎白茶文化系统中，还有许多文化要素等待我们去挖掘，还有许多文化内涵等待我们去建构，只有把茶文化做足，才能使福鼎白茶产业立于不败之地。

2022 年北京冬奥会开幕式倒计时以二十四节气作为开篇，向全世界人民展示中国传统文化，感动中国，惊艳世界。二十四节气是中华文化的鲜明标识，是中华文化的象征与骄傲，它更能体现出我国的文化自信。福鼎市茶文化研究会编纂的《二十四节气与福鼎白茶》，把二十四节气与福鼎白茶文化有机地联系起来，可以说是以二十四节气为经，以福鼎白茶为纬，展示了福鼎的相关区域文化，可谓别出心裁。二十四节气中，春季与秋季中的节气可进行采制白茶，是福鼎白茶生产季，与福鼎白茶的关联性强；但本书也同时注重其余的节气，比如茶园生态管理、茶叶病虫害防治等茶事。书中结合二十四节气适饮的福鼎白茶、茶旅线和二十四节气白茶食谱等，把福鼎白茶与环境、福鼎的物候相联系，使福鼎白茶文化系统更加完整。书中突出福鼎文化元素，把福鼎的民俗、民谚、剪纸、诗词、美食联系在一起，一一地呈现，再配以二十四节气的精美照片和二十四家茶企，可谓内容丰富。在挖掘福鼎白茶文化的同时，把福鼎本土地方文化进行展示，这更能体现福鼎白茶文化是一个系统工程。

福鼎现有可采摘茶园面积 30.5 万亩，涉茶人口 38 万人，占全市人口的三分之二，福鼎白茶已经成为乡村振兴的主要抓手。展望未来发展，我们要牢记总书记嘱托，坚持守正创新，大力弘扬福鼎白茶文化。继续打造福鼎白茶文化品牌，持续深化福鼎白茶开茶节、创设"中国白茶始祖·太姥祭典"等特色茶文化活动，不断挖掘茶文化内涵。着力提升福鼎白茶文化品位，不断完善福鼎白茶文化系统，加快培育国家级非物质文化遗产茶叶制作技艺传承人、制茶大师，持续扩大福鼎白茶知名度。着力扩大福鼎白茶文化影响，搭建更多福鼎白茶文化展示窗口、经贸合作平台和文化交流桥梁，讲好福鼎白茶故事，把福鼎白茶文化的文章做足，奋力谱写福鼎白茶产业高质量发展新篇章，让福鼎白茶普惠全国、全世界人民！

是为序。

（序者林青，为中共福鼎市委书记）

目 录
CONTENTS

导论 002

第一章　立春 019

第二章　雨水 029

第三章　惊蛰 039

第四章　春分 051

第五章　清明 063

第六章　谷雨 073

第七章　立夏 085

第八章　小满 093

第九章　芒种 101

第十章　夏至 109

第十一章　小暑 117

第十二章　大暑 129

第十三章　立秋 139

第十四章　处暑 149

第十五章　白露 159

第十六章　秋分 …………………………………………………… 169

第十七章　寒露 …………………………………………………… 179

第十八章　霜降 …………………………………………………… 189

第十九章　立冬 …………………………………………………… 201

第二十章　小雪 …………………………………………………… 211

第二十一章　大雪 ………………………………………………… 221

第二十二章　冬至 ………………………………………………… 231

第二十三章　小寒 ………………………………………………… 239

第二十四章　大寒 ………………………………………………… 247

参考文献 …………………………………………………………… 255

后记 ………………………………………………………………… 256

好山好水出好茶（刘学斌　摄）

茗生此中石，玉泉流不歇。
根柯洒芳津，采服润肌骨。
丛老卷绿叶，枝枝相接连。
曝成仙人掌，似拍洪崖肩。
举世未见之，其名定谁传？

——李白

导论

疑是瑶池落海西 （刘学斌　摄）

一

二十四节气与福鼎白茶通过"文化"内涵有机地结合起来

　　二十四节气蕴含丰富的哲学、科学和文化内涵，彰显中华文化的生态智慧，是中华文化鲜明标识。2016 年 11 月 30 日，二十四节气被列入联合国教科文组织人类非物质文化遗产代表作名录。

　　2011 年 5 月，国务院公布第三批国家级非物质文化遗产名录，福鼎白茶制作技艺列入非物质文化遗产，由文化部颁发。2017 年 6 月，福鼎白茶文化系统被农业部列为重要农业文化遗产，2019 年，福鼎白茶文化系统被农业部列入全球重要农业文化遗产预备名单。

　　综上所述，二十四节气与福鼎白茶，都带有"文化"二字，

文化蕴涵其中，而且都是国家级或者世界级的"文化"。

我国劳动人民在长期的生产实践中，应用智慧创建了二十四节气，它构成了一个天象、历法、气温、降雨、降雪、物候、农事、音律、干支等的综合体系。

平常，人们都对立春、雨水、惊蛰、春分、清明、谷雨、立夏、小满、芒种、夏至、小暑、大暑、立秋、处暑、白露、秋分、寒露、霜降、立冬、小雪、大雪、冬至、小寒、大寒等节气耳熟能详。因为二十四节气烙印我们每个人记忆中，它融入我们每个人的日常生活中，它影响着人们日常起居养生，如何穿衣，怎样保暖御寒、消暑发汗；它引导着人们在不同时令里如何饮食养生；它指导着各种农事的耕作；它构建了许许多多的民俗与节日。正因如此，文人骚客在节气特殊的日子里留下不朽的诗篇。

自古以来，二十四节气就指导着农事活动，因为四季节气变化深刻影响着动植物的生长与发育。每种动植物在一年四季中都有固定的生长周期。茶树是高等植物，也不例外。茶树生长离不开温度、光照、水分、空气、土壤五要素。每个节气的温度、光照、水分各有不同，因此，节气会决定茶树在什么时间发芽？什么时候休眠。福鼎大白茶、福鼎大毫茶是国家级优质茶树品种，在全国茶树品种中排名第一、二位，业界称它们为华茶1号与华茶2号。当今福鼎茶园里种植的茶树，80% 是福鼎大毫茶，它的茶芽生长周期主要集中在春秋季节，春季自春分开始至立夏，茶芽萌发多达四五轮；立秋后至寒露又萌发三轮。福鼎的茶人就根据其生长的特性，分别在春秋季节的春分、清明、谷雨生产春茶，白露、秋分等节气少量制作秋茶。在其他的节气里，茶叶没有进行采摘时，茶企进行白茶精制加工，或者进行紧压白茶等。但是，对每个节气的茶园管理更重视，有茶园除草、施肥管理、病虫害防治、茶苗培育、茶树种植等。

福鼎白茶是21世纪复兴的一个白茶品类。它的兴起以茶文化为魂，科技助力，依靠白茶自身特有的魅力，媒体倾力宣传打造而成的。如今，六大茶类中，

春沐茶山采新芽（刘学斌　摄）

高铁进茶乡（刘学斌　摄）

白茶类占比呈现上升趋势，最为走俏。中国白茶的兴起，福鼎白茶是引领者。

福鼎白茶的兴起绝不是因为偶然因素发展起来，它有着独特的文化内涵。福鼎白茶包含着历史文化、健康文化、民俗文化、生态文化、女性文化、美学文化、宗教文化、和谐文化、时尚文化、海洋文化等各种文化。

早在19世纪，福鼎白茶就名扬天下，白茶已经走进欧洲贵族群中，成为稀罕的饮品，贵族们在红茶中加入银针白毫，以示珍贵。它曾是"墙内开花墙外香"的茶类，20世纪八九十年代在国内几乎见不到白茶的身影，白茶在国外却是被科研机构重视的茶类，不断有关于研究白茶功效的论文在国际刊物发表。2011年英国威廉王子结婚纪念用茶、2018年英国哈里王子结婚纪念用茶的原材料都是福鼎白茶。

从表面上看，二十四节气与福鼎白茶关联度不高，其实，它们之间有无形的桥梁相通，那就是它们的文化内涵，它们都有文化属性，而且是传统文化，文化是相通且相互关联的。

二

二十四节气与福鼎白茶有着悠久历史文化

纵观二十四节气的理论体系形成，经历漫长的岁月。早在先秦时期《尚书·虞书·尧典》就有记载："日中，星鸟，以殷仲春。日永，星火，以正仲夏。宵中，星虚，以殷仲秋。日短，星昴，以正仲冬。"日中，指春分。日永，指夏至，宵中指秋分。日短指冬至。

战国末期的《吕氏春秋》中，只有立春、日夜分、立夏、日长至、立秋、日夜分、立冬、日短至、雨水、白露 10 个节气。

汉朝时期天下安定，经济发展，文化繁荣，学术发展，百家争鸣。西汉淮南王刘安著《淮南子·天文训》，根据月亮、太阳、北斗斗柄运行方向，与二十八宿标示的度数和地球的运行规律，制定科学二十四节气的历法。刘安在汉武帝建元二年（前 139 年）奉献给朝廷，汉武帝太初元年（前 104 年）被编入太初历，颁行全国，二十四节气得以传世。

《淮南子·天文训》以一年的节气起始从"冬至"开始的，冬至日北斗斗柄指向子位，十二地支的首位。现行的二十四节气按天文学惯例，以"立春"为起点，而且每个节气以公历来定位。公元 1645 年后，二十四节气是依据太阳黄经度数划分，明代的天文学发展达到新的高度，古人将太阳周年视运动线路（即地球公转轨道在天球上的反映）称为黄道，黄经就是黄道上的经度坐标，自西向东度量，分 360°。把黄道 360° 圆周划分成 24 等份，每等份 15°，每 15° 为一个节气，全年共二十四个节气。

节气在每年的公历基本是固定的，农历的时间却不确定。公历以太阳运行关联，农历与月亮运行相关。中国的历法是阴阳合历，阴历一年为 354.3672 日，阳历是地球围绕着太阳公转一周的历法，一年为 365.2422 日，阴历与阴历差 10

天又 827/940 天，用闰月来填补，因此每 19 年有 7 次闰月。正是闰月的存在，节气在农历的时间就会出现比较大的变化。每个节气农历与公历基本相差 1 个月，但也有例外，有的年份相差 2 个月。比如立春节气，公历 2 月 4 日或 5 日，农历基本在正月，也有的年份在过年前的腊月，即农历十二月。

福鼎白茶的历史可追溯至尧时。福鼎民间传说太姥娘娘用白茶治小儿麻疹流传千年。

唐陆羽《茶经》："永嘉县东三百里有白茶山。"茶学专家陈椽、张天福等认为白茶山即太姥山。

明田艺衡《煮泉小品》："芽茶以火作者为次，生晒者为上，亦更近自然，且断烟火气耳。生晒茶沦之瓯中，则旗枪舒畅，清翠鲜明，尤为可爱。"茶学专家认为田艺衡所说的茶就是今天的白茶。

张堂恒《中国制茶工艺》："1795 年福鼎茶农采摘普通茶树品种的芽毫制造银针。"明确白茶中的白毫银针由福鼎首创。清道光年间，五口通商后，白茶、白琳工夫红茶一起远销海外。清光绪版《福鼎县乡土志》："茗，邑产以此为大宗，太姥有绿芽茶，白琳有白毫茶，制作极精，为各阜最。""白、红、绿三宗，

撒向人间都是爱（福鼎市茶文化研究会　供）

白茶岁二千箱有奇，红茶岁两万箱有奇，俱由船运福州销售。绿茶岁三千零担，水陆并运，销福州三分之一，上海三分之二。红茶粗者亦有远销上海。"清代至民国，白茶依然从海上远销。

新中国成立后，茶叶列为国家二类物资，计划经济年代，白茶被国营茶厂定为出口拳头产品，为国家创取外汇。囿于生产白茶技术的滞后与销路单一性，白茶走向式微。改革开放后，茶叶走进市场经济年代，但市场对白茶的认知度寥寥。新世纪伊始，福鼎市政府逐渐认识白茶的重要性，2007 年，以福鼎白茶为公共品牌，充分挖掘福鼎白茶的文化内涵，广为宣传，使福鼎的白茶走向复兴之路，成为茶界的一匹黑马。

三

福鼎二十四节气的气候特征与茶树生长规律

气候温度、降水量、日照是决定茶树生长的基本要素，茶芽的萌发与长成嫩叶、茶芽休眠期都与节气、气候变化正相关。不同的节气，茶事就不同。正常情况下，茶树生长适宜温度在 15 ～ 30℃，10℃左右开始发芽。茶树新梢生长的适宜气温是 20 ～ 25℃，在此温度范围内，新梢每日平均伸长 1.5 毫米以上，甚至超过 2.0 毫米，当气温超过 25℃或者低于 20℃时，新梢生长减慢。当日平均气温高于 30℃或日最高气温 35℃以上时，茶树生长就会受到抑制，幼嫩芽叶会灼伤；在 10℃以下时，茶树生长缓慢或停止。

根据福建的地理位置和天气气候的演变规律，福建自然天气季节划分为：3 ～ 6 月定为春季，7 ～ 9 月定为夏季，10 ～ 11 月定为秋季，12 月至次年 2 月定为冬季。根据气象学上入春时间是当滑动平均气温序列连续 5 天 ≥ 10℃，则以其所对应的当年气温序列中第一个 ≥ 10℃的日期作为春季起始日。入夏时间是滑动平均气温序列连续 5 天 ≥ 22℃的首日。入秋时间是滑动平均气温序列连续 5 天 < 22℃的首日。入冬时间是滑动平均气温序列连续 5 天 < 10℃的首日。

福鼎市的春夏秋冬划分：春季，节气从雨水到临近夏至结束，是跨度最长的季节，气候特点是多雨，日光少。夏季，又称为后汛期或台风季，气候炎热、台风活动频繁。秋季，节气从秋分起至临近小雪，是风和日丽、秋高气爽的季节，气候特点是冷空气开始活跃，气温下降，昼夜温差加大。冬季，节气从小雪到接近立春节气，是气温最低、降水量最少的季节，冷空气活动频繁，气候较为寒冷，秋冬旱和低温、雨雪、冰冻灾害是主要的气象灾害。

根据福鼎市气象局的气象统计，各乡镇 3 月至 5 月常年平均气温在 13 ~ 17℃之间，适宜茶芽萌发和茶树新梢持续生长。每年雨水至清明是福鼎白茶采摘白毫银针的高峰期，这段时间内由于气温适宜，此时茶芽呈针状，最具经济价值。清明至谷雨则采白牡丹，之后就是采摘寿眉级别的茶叶。

表 1 各乡镇年平均降水量　　　　　　　　　　单位：毫米

乡镇	城区	沙埕	店下	太姥山	龙安	崳山	前岐	硖门
年雨量	1744	1283	1352	1415	1502	1505	1534	1597
乡镇	佳阳	贯岭	点头	白琳	叠石	管阳	磻溪	
年雨量	1678	1777	1809	1816	2031	2068	2089	

表 2 各乡镇年平均温度　　　　　　　　　　单位：℃

乡镇	城区	管阳	叠石	佳阳	磻溪	贯岭	太姥山
年平均气温	19.2	15.7	15.9	17.2	17.4	18.2	18.2
乡镇	沙埕	白琳	店下	前岐	点头	崳山	龙安
年平均气温	18.4	18.7	18.9	18.9	18.9	18.9	19.0

福鼎依山面海，海洋性气候特征十分明显，内海湾延伸 35 海里，水资源丰富，丘陵起伏绵延，因此，不同的海拔高度，形成特殊的小气候，这些气候特征适宜原产地品种的生长。福鼎大白茶、福鼎大毫茶的原产地就是福鼎，特殊的品种和气候造就了福鼎白茶有别于其他地区白茶的鲜醇感。

随着山区丘陵不同海拔，有不同的温度、降水和湿度等特征。福鼎市年平均气温 15.0 ~ 19.0℃，城区为 19.2℃，叠石、管阳、磻溪等地气温明显低于沿海乡镇。

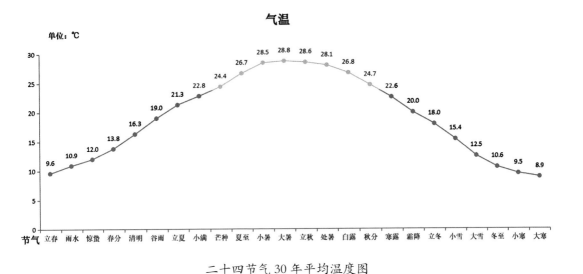

二十四节气30年平均温度图

管阳、磻溪等乡镇全年无高温天气，因此，夏季这几个乡镇的茶树仍有生长。相较高温而言，茶树对冬春两季的低温冻害更为敏感。研究表明，春季气温低于4℃时，会导致茶芽遭受冻害，冬季气温低于 -10℃时，茶树地上部分会冻枯。

福鼎市年平均降水量 1200～2100 毫米，城区为 1720.1 毫米，降水时空分布从沿海向山区递增，西多东少，白茶主产区的磻溪、管阳、叠石、白琳和点头镇雨量充沛。降水在月际间分布特征是秋冬季少雨，春夏两季雨量占全年的 80% 左右。茶树体内生物化学反应需要在充足的水分条件下才能正常进行，在水分充足条件下，茶叶一般都生长较快，叶片较大，节间较长。水分对茶树生长还有其他作用，如营养物质的吸收、运输等，水分可调节茶树体温、降低烈日下体温，避免晒伤。

福鼎市全年日照时数在 1500～1800 小时，分布特征为山区向沿海递增，尤其高海拔区域明显偏少。一年当中夏季和初秋的光照最为充足，太阳辐射强度最强。茶树耐阴，但也需要一定的光照，当二氧化碳、水分和温度能满足茶树生长需要时，光合作用随光照强度的增加而增强，制造的有机质也随之增多。光照时间也是影响茶叶生长发育的重要因素，研究表明，春茶产量与3、4月的日照

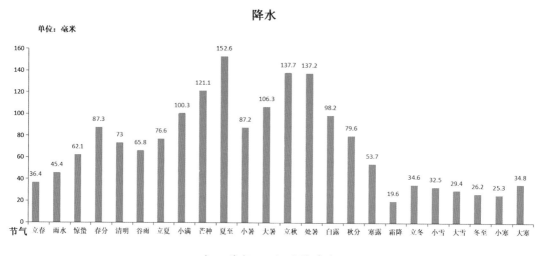

二十四节气 30 年平均降水图

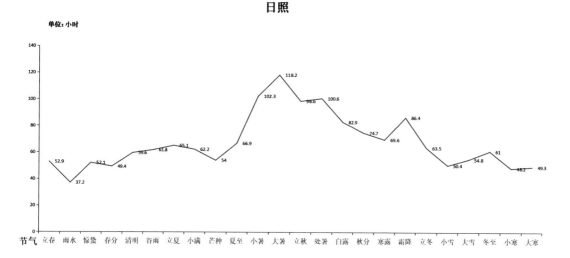

二十四节气 30 年平均日照时数图

时数呈显著正相关，日照时间越长，春茶产量越高。一般福鼎 3 月、4 月日照时数为 100 ~ 120 小时，夏季强光对茶树起抑制作用，茶树光合作用降低，呼吸作用加强，导致茶树新梢内有机物积累减少，从而减产。

四

全球气候变暖导致茶事发生变化

二十四节气的神奇，体现在它的精准。有农村成长经历的人都有感受，二十四节气就是我们的人生，因为我们就是跟着这一套时间路线长大的。"清明前后，栽瓜点豆"，这两天农户就忙着播种了。"麦在地里不要笑，收到囤里才牢靠"，那种虎口夺粮的争分夺秒，真是一种极限体验。

福鼎白茶是农副产品，其原材料有单芽、一芽一叶、一芽一二叶、芽叶嫩梢等。因此茶芽萌发与生长，与气候、物候、农事休戚相关。农耕时代产生的二十四节气理论与实践，每个节气固有的气候、物候因为气候变化也发生很大的变化，在当今时代，由于地球温度升高，节气与原来的茶事发生了变数。

二十四节气是时令的代表名称，每个节气代表着 15 天的气候与物候。一年四季中，每个节气的茶事定位也各不相同。春季茶芽萌发，从春分到谷雨，这 3 个节气 45 天，是采摘加工制作最佳时期。夏至茶芽潜伏期，传统农事夏茶不采，

天上茶园（施永平　摄）

夏季茶树进入修养期，也是针对病虫害的治理期，适合休茶。秋季白露季节茶芽萌发，也是采摘制作福鼎白茶的节气，秋茶采摘时间不宜太长，否则会影响来年白毫银针的采摘。冬季是茶园封园期，是进行清理病虫害的虫卵最佳时期，为来年茶树病虫害消除隐患。

每个季节里茶园与茶树都有生命运行，季节和节气就是指导茶农事的风向标。高质量绿色发展茶产业，茶园管理就需要顺应节气变化来管理。茶园管理是一门很深的学问，茶园生态、花草间种、土壤和肥料管理、修剪对茶叶品质都有影响，土壤中各种微生物生长促进土壤的理化因子变化，茶园里花草间作能培养茶树病虫害的天敌，有机肥施用及不同修剪方式都会影响茶芽的萌发。

一年中最早生产的茶品类是白毫银针。福鼎文献记载，白毫银针的采摘时节每年一般在清明节前 3 天开始，采摘 10 到 15 天时间，清明时节的茶芽萌发芽头

福鼎茶园面积和茶叶产量恢复情况

县别	茶园总面积（亩）	茶叶总产量（担）	商品茶类（担）		
			红毛茶	绿毛茶	白毛茶
福鼎	60091	33500	16312.97	14413.71	2.62

福鼎茶区主要气候因素

项目 县别	气温（℃）			降水量（毫米）		年平均相对湿度（%）	平均年蒸发量（毫米）
	年平均	绝对最高温度	绝对最低温度	年总量	日最大降水量		
福鼎	18.2	37.8	-4.3	1590.5	205.2	79	1332.7

福鼎主要茶区各月份平均气温　　　　　　　　　　单位：℃

月份 县别	1	2	3	4	5	6	7	8	9	10	11	12
福鼎	9.0	9.3	11.8	16.8	20.5	25.6	28.8	27.9	24.9	20.1	15.8	11.5

福鼎主要茶区各月份雨量　　　　　　　　　　单位：毫米

月份 县别	1	2	3	4	5	6	7	8	9	10	11	12
福鼎	52.1	82.0	109.4	138.5	259.0	196.4	69.8	217.0	290.7	49.8	53.1	77.0

福鼎主要茶区各月份平均相对湿度　　　　　　　　　　单位：%

月份 县别	1	2	3	4	5	6	7	8	9	10	11	12
福鼎	72.0	76.0	79.0	79.0	85.0	84.0	80.0	81	77	75	71	71

福鼎主要茶区霜期

项目 县别	初霜日期		终霜日期		霜期天数
	平均	历史最早	平均	历史最迟	
福鼎	12月1日	1958年：11月16日	3月6日	1957年：4月4日	97

来源：《闽东茶树栽培技术》

1950~1959 年福鼎的气候与茶叶生产

紧实，厚重，制作成银针，满披白毫，色泽鲜亮银白色。可是近十年来，白毫银针的采摘时节往前推移不止 15 天，有的年份向前推移 2 个节气，接近 1 个月的时间，惊蛰后不久就有茶采摘了，而有的年份春分才开始采摘。清明时节才开始采摘白毫银针已是四五十年前的历史，那时的气温比较低，福鼎清明时节的平均气温一般 16.3℃。2022 年，在点头镇江美村做田野调查，如不是编者亲眼所见，还真不相信这是现实。春茶开采在春分前 3 ~ 4 天，向阳一面的茶园过了春分节气，就没有单芽的白毫银针采摘，只能采摘一叶一芽的白牡丹。有些高海拔的地点，或者向北较阴的地点，采摘单芽的白毫银针可延至清明节以后。福鼎农谚有云："谷雨茶，澎喳喳。"意思是过了谷雨，只能采摘白牡丹茶，如今却只能采摘寿眉类的茶芽。节气时令已经逐渐改变千百年来茶园特征和茶树、茶叶生长的特征。

五

中医理论指导着二十四节气如何品饮福鼎白茶

如今越来越多人注重养生、保健和"治未病"。《黄帝内经》里特别强调疾病预防的重要性，即"治未病"。《素问·四时调神大论》："是故圣人不治已病，治未病；不治已乱，治未乱，此之谓也。夫病已成而后药之，乱已成而后治之，譬犹渴而穿井，斗而铸锥，不亦晚乎！"

喝福鼎白茶就是"治未病"的最佳办法。唐陈藏器《本草拾遗》："茶为万病之药。"陆羽《茶经·茶之器》"风炉……坎上巽下离于中……体均五行去百疾。"茶圣陆羽明确煮茶喝，可以去百疾。茶可入药，福鼎白茶比其他茶类更像中草药，它是茶叶嫩梢通过传统的晒干方式制作而成。白茶入药是福鼎民间的习俗，也是传统。传说太姥娘娘就是用白茶治小儿麻疹。在缺医少药的年代，农村茶农保存一点白毫银针，其对感冒、咽喉肿痛、牙疼、扁桃体发炎尤其有效。《解读福鼎白茶》列举一些用福鼎白茶治疗疾病的案例，同时指出白茶在有些人身上表现出有点神奇的地方。白茶对某些疾病症状机理至今成谜，它像中医偏方一样能治疗一些轻症。

　　复旦大学李辉（紫晨）教授对人体饮茶入经络进行科学实验，已有科学论文发表，编著 2 本书《二十四节气茶事》与《茶道经》；其研究不同茶叶对应不同经络，这与明朝的李士才《雷公炮制药性解·卷五》所载"茶茗，入心、肝、脾、肺、肾五经"不谋而合。

　　《二十四节气茶事》具体认为：立春、雨水节气茶气会走手少阳三焦经；惊蛰、春分走足少阳胆经；清明走足少阴肾经；谷雨、大寒走足太阴脾经；立夏、夏至走手太阳小肠经；小满、芒种走足太阳膀胱经；小暑、寒露走足少阴肾经；大暑、霜降走手太阴肺经；立秋走手阳明大肠经；处暑、白露、秋分走足阳明胃经；立冬、大雪走足厥阴肝经；小雪、冬至走手厥阴心包经；小寒走手少阴心经。

　　《茶道经》根据茶类的性味，认为春天喝红茶，夏天绿茶、秋天青茶、冬天黑茶；白茶一年四季都可以喝，四季饮茶的最宜选项是白茶，白茶提高免疫力，

太姥日出（刘学斌　摄）

四季都可饮用。从中医理论来看，李辉教授认为白茶属阴茶，全年可品饮。

　　的确，白茶适合人群为老少皆宜，尤其是幼龄儿童也喜欢喝新的白茶，当年生产的白茶甘甜，儿童经常喝，也会喜欢上白茶。大凡是儿童喜爱的饮品就是佳品，因为大多数儿童不喜欢苦涩的饮料。脾胃虚寒者、失眠忌饮茶，以及部分亚健康人群，这些人只有通过正确的品饮方式，才会适饮，最终成为福鼎白茶的拥趸。

　　中医讲究阴阳辨证，五行相生相克，十四经络运行，用药君臣佐使。阴极转阳，阴阳转化。其实，白茶储存过程中，内含物的转化，就是阴阳发生变化，阴性转阳。福鼎白茶内含物的转化使得茶叶的性味发生变化，比如白毫银针性寒凉，可是通过储存后，内含物改变，使其性味转为平；寿眉类转变更加猛烈，陈年寿眉汤色浅黄色、橙黄色、橙红色，存储多年转为红色、琥珀色、酒红色，就可以看出其药性变化。

沙埕铁枝（刘学斌 摄）

由于老白茶的性味与新茶产生大的变化。因此，春天可以品饮 3 年、6 年至 9 年的白牡丹或贡眉、寿眉、紧压白茶，夏天品饮当年生产的白毫银针、白牡丹或贡眉，秋天可以品饮 7 年以上白毫银针、白牡丹与紧压白茶，冬天品饮 7 年以上老寿眉、紧压白茶或其他品类的白茶。

根据许多茶人品饮感觉，认为每个节气有适喝的白茶品类。福鼎白茶品类众多，有白毫银针、白牡丹、贡眉、寿眉，以及紧压白茶、老白茶等；老白茶中有 3 年、6 年、9 年以上，每种茶都有独特的化学成分，因此白茶也有多种的茶气，品饮后茶气可能对应不同的经络。

六

以二十四节气与福鼎白茶为纲，融入福鼎剪纸、诗歌、民俗、候应、民谚、茶事、中医、白茶食谱、茶旅线等，成为本土综合性科普书

中国重要农业遗产"福建福鼎白茶文化系统"是一个系统工程，即福鼎白茶与环境、生态气候、动植物生存状况、土壤状况、文化历史、民俗等方面都有密切的联系。福鼎白茶文化系统具有生物多样性，有着传统知识与技术体系支撑，还有特殊的生态系统及文化内涵。

本书以二十四节气与福鼎白茶为主轴，充分挖掘福鼎白茶文化系统的内涵。具体体现在每章节福鼎本地节气的气候特征、乡土文化、民俗、物候特征、农谚等。

二十四个节气形成每个章节，在每个篇章突出茶事，紧扣节气中茶叶采摘、初加工、精制加工等，有机生态茶园管理，包括施肥、除草、修剪，以草治草，防治茶叶病虫害等一系列茶事。

每个节气里都有推荐适合品饮的白茶品类，根据中医理论五行相生相克、阴阳变化等，结合四季春生、夏长、秋收、冬藏的特征，配以不同的白茶品类。

古籍中的物候，是以黄河流域或者淮河流域的物候为主，与福鼎当地的物候差别比较大。福鼎物产富饶，尤其是特殊的内海湾蜿蜒，形成福鼎特定的小气候，出产美味的海产品。编者立足于福鼎本土特色，每个节气3个候应，分别是时令花候、海产品与时令的农产品，全年七十二候应，与古籍的物候相对应，使读者能全面了解福鼎的风物，从一个侧面反映福鼎白茶的生态环境。

二十四节气形成的民俗、习俗在全国各地存在的，福鼎民俗大部分沿袭着国内的，有些习俗其他地方没有，尤其是福鼎当地独特的民俗，纳入书中。如黄岗

太姥娘娘塑像（福鼎市茶文化研究会　供）

村是福鼎著名的茶村，至今保留卜茶节、开采节、斗茶节、谢茶节等。

节气指引着农事、茶事。福鼎劳动人民在长期的农业生产过程中，总结具有福鼎特点的农谚，农谚至今依然指导农民的生产活动。其中有些农谚跟茶相关，本书尽可能更多挖掘与茶相关的农谚。

福鼎市气象局按照 30 年的气象统计数据，在每个篇章里列举气温、降水、日照等因子。

福鼎白茶首席茶馔大师刘元建领衔厨师团队，已经研制出 100 多道白茶菜肴。本书推选二十四道白茶食谱，根据二十四节气气候特征、时令产品、人体适应菜品制作；二十四节气中每个节气都有相对应的菜肴名称，配以相对应的白茶。用清醇的白茶入馔，同当地的山鲜海味结合，打造出一席风味独特、意境唯美的白茶宴。其创作根植传统、融合创新，结合现代先锋料理厨艺、禅茶学和烹饪色彩学等进行相融合。

民间剪纸艺术家上官秀明的剪纸隐喻艺术，他把二十四节气与福鼎白茶、福鼎的茶园、茶企等通过隐喻的方式进行呈现。

福鼎市太姥诗社的诗友们，在二十四节气中创作出与白茶相关联的诗词，具有浓郁的地方色彩与福鼎白茶文化。

福鼎依山傍海，境内旅游资源丰富，世界地质公园、国家 5A 级风景名胜区太姥山，全国十大美岛嵛山岛，翠郊古民居等。自古名山之坡产名茶，茶叶与旅游相生相伴，不同季节寻茶与旅游有不同的风味，书中撷取在不同节气适合行走的几条不同的茶旅线，并附以手绘图供爱茶与旅游人士参考。

福鼎市摄影家协会的摄影师们，提供了一年四季中二十四节气里关于福鼎白茶方方面面的精美照片，经过评比，精选百幅照片作为书本的插图。

本书 24 家福鼎白茶的茶企，都是福鼎市茶文化研究会的会员，有会长和副会长单位，也有的茶企很有特色，他们深深热爱福鼎的茶文化，积极参与编写，每家茶企业都是本书编委。书中有茶企编委的简介，每个节气的章节后面配有各自的二维码，扫一扫二维码即可呈现企业的视频介绍，这是本书的一种创新。

第一章

立春

青青茶园（马英毅　摄）

辛丑立春日烹茶自饮

张振弼

半罇雪水煮云片，
一盏茗香醒世尘。
茶亦醉人何必酒，
精神矍铄迓三春。

一、立春节气

1. 释义

春季为四时之首，立春又是春季之始，立春既是四时之始，又是一岁之首，立春是二十四节气之首，是一个新的轮回开始。在传统观念中，立春具有吉祥的涵义。

立春公历在每年2月4日或5日，农历一般都在正月，因此立春也称正月节。但也有例外，有的年份在年底腊月。有的年份有两个立春，有的年份没有立春，即农历全年首尾有两个立春的"双春年"；时而一年无立春，即农历全年没有立春的"无春年"。"无春""双春""单春"每19年一个周期，每周期内有7个无春年。公历与农历用19年7个闰月来调节差异，农历闰年有383天或384天，导致每逢闰年就有两个立春，平年就没有立春。

开茶春鼓声声响（刘学斌　摄）

《吕氏春秋》10 节气中，第一个为立春。《淮南子·天文训》中的第一个节气是冬至。现行的二十四节气是以天文学黄道与黄经而定，即太阳黄经度数定节气，太阳到黄经 315°时开始，就是立春。

《淮南子·天文训》对立春的定义："加十五日指报德之维，则越阴在地，故曰距日冬至四十六日而立春，阳气冻解，音比南吕。"用现代的语言对立春的描述：立春，阴气在大地上消散，阳气升起，冰冻消释。

2. 气候

立春之后白天渐长，最严寒的时期基本过去，天气开始逐渐回暖。此时，气压场正处在转换之际，冷暖气团你来我往，天气冷暖交替明显，雨水开始略增多。

春漫茶山（刘学斌　摄）

立春并不代表入春，在福鼎依然是冬天范畴。立春期间，福鼎市平均气温9.6℃，平均降水36.4毫米，平均日照52.9小时，极端最高气温29.8℃，极端最低气温 -3.7℃，是仅次于大寒、小寒的寒冷节气。近十年立春期间福鼎出现5次寒潮天气过程，其中有2次伴有小雨夹雪或冰粒，如2018年2月6日至8日的寒潮天气过程，市区最低气温 -2.5℃，乡镇以管阳镇西阳村 -8.1℃为最低，伴有小雨夹雪或冰粒。所以，立春依然属于冬季。

立春期间茶树越冬芽正处于萌动期，寒潮天气会导致茶树生长缓慢或停止，海拔高度在500米以上的茶叶种植区易发生冻害；但是，立春期间的寒冷天气对茶树病虫害防治是利大于弊的。

3. 民俗

古代，立春是重大的日子。《淮南子·时则训》："立春之日，天子亲率三公、九卿、大夫以迎岁于东郊。"立春之日天子在东郊举行迎春祭祀活动。全国各地沿袭各种祭祀活动。

清嘉庆版的《福鼎县志》记载着关于立春的民俗和典礼。《福鼎县志·节序》载："立春前一日，迎土牛，邑人聚观，以颜色占岁事。"意思说，立春时节人工制作一只牛，牛身上有各种颜色，通过占卜方式预示一年之中的农事。《典礼·迎春礼》："土牛胎骨用桑柘木，身高四尺……牛色以本年为法……"《迎春仪注》详细介绍，把之前塑造春牛并芒神于东郊外春牛亭，立春前一日，县令率属下俱穿蟒袍补服至春牛亭，分别上香献爵与读祝文。立春当日清晨则举行鞭春仪式，官员用彩杖击牛，意思牛鞭击牛，春天来啦！

福鼎有个地名叫春亭桥，它的来历就是来自《福鼎县志》的记载，春牛亭，古时立春祭祀的地点。今天矗立在桥头，仿佛感受到旧时县令鞭牛的场景。

福鼎著名的茶村——磻溪镇黄岗村在立春时节，设立卜茶节。每年立春时，都要通过占卜的方式预测当年的茶叶收成。由村里族长率领村民在"周三虞"宫里举办法事，沿袭成为村里至今保留的一个节日。

4. 物候

立春的物候，明代黄道周《月令明义》载："东风解冻，蛰虫始振，鱼上冰。"东风送暖，大地解冻；蛰居的虫类开始苏醒，河冰融化，鱼儿在冰下游动。

福鼎候应：迎春花绽放，泥蚶肥嫩，芥菜甜脆。

福鼎立春的花信是迎春花适时而开。迎春花一般种于房前屋后，总体来说，栽植不会广泛，难能形成一片花海。

内海滩涂的泥蚶是最肥嫩的。这个季节泥蚶特别肥嫩，血红。在福鼎，妇女坐月子时奶水育儿，饮食方面尤其重视，坐月子的妇女都可以食用泥蚶，说明泥蚶是佳品。正月泥蚶正当时令。

芥菜，福鼎人称挂菜，其有两种，一种叶片带有血丝状，称血丝挂，主要用于腌制；另一种叫阔槽芥，就是日常食用的。芥菜从农历十二月开始食用，主要食用叶片的阔槽部分，叶张一般用来煮芥菜饭。芥菜一直到农历二月二，才进入食用尾声阶段。

5. 民谚

年里春，年外乱纷纷。

注释：立春节气如果在农历十二月，过完正月初一，气候就多变，成为多雨的时令。

初一落初二散，初三落到月半。

注释：正月初一如下雨初二则会放晴，初三若下雨则会下到十五都难估计。

雨浇上元灯，日晒清明种。

注释：上元若下雨，清明时定放晴。

立春落雨至清明。

注释：立春日若下雨，则一直到清明这段时间雨量较多。

春寒雨多，冬寒雨散。

注释：春天若天气寒冷，雨水必定多，但冬天天气寒冷，雨水必稀少。

早春晚播田。

注释：立春日如在年内十二月谓之早春，播种不要太早，要按季节行事。

二、立春茶事

茶树、茶芽生长与茶园管理是茶叶品质的保障。白茶的原材料就是采摘茶树的嫩梢与嫩芽。福鼎种植的茶树品种主要是福鼎大白茶、福鼎大毫茶、福鼎菜茶等。

茶芽分萌发芽、驻芽、潜伏芽、不定芽等，萌发芽又分顶芽、侧芽、腋芽，萌发芽外都有鳞片包裹着。立春时节，因为土壤积温与气候、温度的原因，茶芽不会萌动，立春季茶叶还不能采摘。

这个时期正值春节前后，年味十足，农户进行茶园管理基本停摆。勤劳的茶农立春时节可进行浅耕追肥，适合茶苗定植，对茶苗进行补缺，对当年新植茶树可定型、修剪，做好预防倒春寒，防止茶叶萌发后因霜冻、雨雪而遭伤害。

桐城春色（林昌峰　摄）

茶企业处在生产淡季，开工生产的企业一般是进行精加工，加工茶类只能是压制紧压白茶，或者组织员工包装成品茶。

三、适饮的福鼎白茶

这个时节人体少阳经脉的经气开始生发，肝阳随着阳气升发而上升，肌体将慢慢进入新陈代谢比较旺盛的阶段，就需要阳茶来匹配。那么哪一款白茶适于立春时节品饮呢？经过茶人与茶企的品饮综合实践，9 年陈的白牡丹适合在立春节气品饮，可以疏肝理气，养血柔肝除风邪。

茶有六大类，茶分阴阳。《茶道经》作者李辉教授经过长期实践把白茶定为阴茶，为太阴白茶，分别入手太阴肺经、足太阴脾经；《茶道经》对老白茶的描述很少，而老白茶的属性已经发生转变，阴阳也产生变化。

陈 3 年以上的福鼎白茶就可以称为老白茶。白茶在适宜的条件存储，在活性酶的作用下，内含物发生转变。其阴阳属性也产生变化，不同品类的白茶变化不同。如 9 年陈白牡丹就是老白茶，其属性已经转为少阳茶了，茶汤变浅红，滋味醇厚。

立春时节，正值正月农闲季节，约上几个茶友，择一良处，煮一壶 9 年陈以上的白牡丹，这款白牡丹通过岁月的转化，由当年的白牡丹凉性已经转性，可以用煮茶的方式把茶气透出。

四、白茶食谱

立春菜式：白牡丹煮玛瑙汤圆

立春后肝阳随着阳气升发而上升。所谓辛温升阳气，是通过食用辛温的食物，帮助肝胆阳气上升、向外升发，但为防止辛温食物酿生燥热，尽量选性味较为温和的食物来养阳。立春季节全国各地都有吃元宵的习俗。元宵，福鼎人称其为汤圆。煮元宵与老白茶，既与全国习俗相同，又体现本土文化特色。

主料：水晶汤圆或麻心汤圆。

辅料：9 年陈以上白牡丹 10 克、水发桃胶、红枣。

立春菜式：白牡丹煮玛瑙汤圆（张乃城　作）

调料：冰糖、矿泉水。

以 9 年陈的白牡丹为原材料，把白牡丹汤水与汤圆进行深度融合，此肴中茶汤、汤圆、桃胶相得益彰。桃胶的性味比较甘、苦、平、无毒，归于肺、膀胱二经。

制作方法：将 9 年陈以上白牡丹（散茶）放入茶碗内，用 95℃的热水温润茶叶约 8 秒钟，使其叶片舒展开来再倒去茶水；取一个砂锅，注入矿泉水烧开，放入醒好的茶叶加盖熄火焖泡 3 分钟，揭盖捞出叶底，调入冰糖和蒸好的红枣，分别盛入小汤碗内备用。

另取一个锅，将水烧开，投入汤圆用中火煮熟至浮起，捞出汤圆盛入预先煮好的茶汤碗内，趁热即可享用。

成菜特点：茶香醇厚、汤感柔滑、老少皆宜。

太姥山中茶飘香（李步登 摄）

五、逛茶企，选佳茗

南方有嘉木，嘉木福万家。深知白茶之于土地，之于茶客的珍贵意义，嘉木福以质为本，致力为客户提供优质的白茶产品与服务。嘉木福已经成为一家集茶叶种植、生产、加工、销售为一体的专业化茶企，经营各种福鼎白茶产品的同时，也在为白茶文化推广作出努力。多年来坚持"健康好茶从源头做起"的信念，不遗余力地开拓产区，自建三大基地，以保障茶叶生产的纯粹品质。

点头基地位于点头镇银坑村，流转土地1600多亩；吴洋基地位于磻溪镇吴洋村，海拔500～800米，森林覆盖率88%以上，绿化率96%以上；溪美基地位于店下镇溪美村，境内群山环抱、腹地平坦、气候宜人，是嘉木福的峡谷基地。三大基地，交相辉映，构筑了嘉木福的根骨与源脉，公司以此为基底在茶园周边建设现代化的茶厂，配备专业的科学制茶队伍，产品生产加工过程秉承生态制茶、健康制茶的理念，采取传统制茶工艺与现代化技术相结合，进一步确保产品的品质和安全。

嘉木福将充分依托茶乡地理优势，开创"茶叶＋文化"的营运模式，打造茶旅线路，建设集茶叶生产加工、品茗休闲、旅游观光和茶文化传播为一体的生态茶园旅游观光区，作为展示企业文化和福鼎茶文化的窗口。

第二章

雨水

祭神（毛真怡　摄）

雨水

刘建清

乍暖还寒雨似纱，

无声润物一何赊。

灵芽萌动山鹃闹，

分付春深斗白茶。

一、雨水节气

1. 释义

公历每年 2 月 19 日或 20 日，太阳到黄经为 330° 开始，农历雨水节气一般在正月。

《淮南子·天文训》："加十五日指寅，则雨水，音比夷则。"增加十五天北斗的斗柄指向寅，便是雨水，其音相当于十二律中的夷则。

元代吴澄著《月令七十二候集解》："雨水，正月中。天一生水，春始属木，然生木者，必水也，故立春后继之雨水。且东风既解冻，则散而为雨水矣。"

《易经》六十四卦的"泰"卦代表正月，雨水节气在正月里，阳气上行，阴气下行，形成阴阳相交的情景。正月里阳气生发，与阴气相交，滋生万事万物，

翠芽珠影（毛真怡　摄）

造就一派欣欣向荣的景象。

雨水虽是第二个节气，从气温来看，福鼎依然属于冬季范畴。雨水不仅表征降雨的开始及雨量增多，而且表示气温的升高。

2. 气候

雨水时节，天气变化不定，是全年寒潮过程出现最多的时节之一，忽冷忽热，乍暖还寒。雨水节气期间，太阳直射点由南半球逐渐向赤道靠近，这时的北半球，日照时数和强度都在增加，气温回升较快，来自海洋的暖湿空气开始活跃，并渐渐向北挺进。与此同时，冷空气在减弱的趋势中并不甘示弱，与暖空气频繁地进行着较量。降雨量级多以小雨或毛毛细雨为主，但春雨贵如油，春雨会聚寒冬收

白茶与民居（李文迪　摄）

藏得来的精华，是天道轮回所赐，可以说是极具灵性之物。雨水前，天气相对来说比较寒冷，这时的大气环流处于调整阶段，福鼎的气候特点，总的趋势是由冬末的寒冷向初春的温暖过渡。

雨水期间的主要天气特征：一是气温起伏不定，乍暖还寒；二是降雨逐渐增多。福鼎市平均气温10.9℃，平均降水45.4毫米，平均日照37.2小时，极端最高气温30.3℃，极端最低气温−2.1℃。平均气温虽然较立春节气升高了1.3℃，但气温变化大。近十年雨水期间福鼎市出现3次寒潮天气过程，如2014年2月18～22日的寒潮天气过程，市区过程最低气温为20日0.6℃，各乡镇以管阳镇2月21日−2.0℃为最低；2022年2月19～23日，福鼎市出现连续低温雨雪天气，20～21日全市所有乡镇均出现小到中雪或雨夹雪，市区最低气温1.3℃，过程最低气温以管阳镇沈青村−2.9℃为最低。

寒潮天气过程次数较立春期间明显减少，极端最低气温也较立春期间明显升高。气温回升、雨水渐多，使茶树越冬芽在雨水期间处于萌芽状态。

3. 民俗

雨水节气在正月，大部分情况下，由于春节刚过去不久，年味儿尚有余韵，又多半与元宵节的日期相近，所以，这时的欢乐气氛往往比立春时节更加红火。

元宵节在福鼎一直以来属于大的节日。福鼎各乡镇在长期的生活中，根据当地的习俗，产生独具特色的节目，如福鼎沙埕铁枝，点头十三太保茶轿，管阳西阳的狮灯，店下、白琳翁江的鱼灯，秦屿抬阁，以及各乡镇的舞龙灯。这些民俗在正月元宵前后纷纷亮相。

福鼎沙埕铁枝是国家级非物质文化遗产项目，其技术高超、阵容强大、场面壮观。它吸收了传统民间文艺、传统戏剧、舞蹈杂技等艺术门类的精华，形成了独特的传统民俗表演艺术，也是沙埕镇人民庆元宵传统的节目，近年来不断推陈出新，成为一道亮丽的风景线。

4. 物候

黄道周《月令明义》载："獭祭鱼，候雁北，草木萌动。"一候獭祭鱼，二候雁北归，三候草木萌动。此节气，水獭开始捕鱼了，将鱼摆在岸边如同先祭后食的样子；五天过后，大雁开始从南方飞回北方；再过五天，在"润物细无声"的春雨中，草木随地中阳气的上腾而开始抽出嫩芽。

福鼎候应：木笔花开，海鳁香，春初早韭。

清版《福鼎县志》有载："辛夷，《府志》：'一名木笔，谓蕊如笔尖也'。"木笔在文献中有载，说明旧时就有栽种。木笔又叫辛夷，先开花后长叶片，辛夷花色泽鲜艳，花蕾紧凑，鳞毛整齐，芳香浓郁。花可入药，性温味辛，归肺、胃经。因它辛散温通，芳香走窜，上行头面，善通鼻窍，是治鼻渊头痛要药。

苔，福鼎方言叫鳁，福鼎内海湾特产一种绿藻植物，正月出产。鳁经过清洗后拌入姜、酱、醋与盐、味精，是一道特色美食。《福鼎县志》载："苔，《海物异名记》：'绿色，如乱丝，生海泥中'。"

《福鼎县志》："韭，《三山志》：'园人种薤，一岁三四割之，其根不伤。至冬培之，先春而复生。云种之久，古名之'"韭菜，切割后又生长，食用时间长久，而得名。春韭特别好吃，南北朝时期的周颙就说："春初早韭，秋末晚菘。"

5. 民谚

一年之计在于春。

注释：一年当中春天是最为重要的时期。

雨水有雨百阴。

注释：雨水当日若有雨，接下来的日子阴天为主。

雨水落了雨，阴阴沉沉到谷雨。

注释：雨水当天下雨，一直到谷雨天气都难放晴。

冷雨水，暖惊蛰。

注释：雨水寒冷，惊蛰就转暖。

雨水东风起，伏天必有雨。

注释：雨水刮东风，夏季三伏天就会下雨。

正月栽柴，二月栽竹。

注释：福鼎方言把树称为柴，茶树种植就在正月，农历二月种竹。

二、雨水茶事

雨水节气是种植福鼎白茶的好时节，茶苗定植，补缺。此外可以进行浅耕追肥，增加土壤肥力。

茶农种植茶树的程序：起苗前先浇湿苗圃，有利于起苗时较少伤根断系、沾黏细土。选择疏松、透气的弱酸性土壤，种植时定株间距 20 厘米以上，单行单株或单行双株，扒开泥土 8 厘米以上的深度，放入有机肥料做基肥，将茶苗放入穴内扶正，根部自然下垂，接着填土踩实，然后在表面覆盖一层松土即可。茶园以大间距单株种植方法，待茶苗成树时，有更优秀的土壤肥力和阳光日照，可提升茶叶品质。春分时节针对去年刚种植的茶树进行定型、修剪。

浅耕追肥可促进茶树生长，提高茶树抗冻能力。雨水节气后，进行浅耕追肥，施肥前挖土 5 ～ 10 厘米，然后沿茶缝边缘滴水线开沟，施肥后旋即盖土，最好施有机肥或茶叶专用肥。施肥时机把握好，茶根部生长良好，春茶的萌发力强，茶中营养成分高，品质优良。

雨水·祭茶（李文迪　摄）

雨水节气后期，茶树的新芽正孕育萌发，这个时间尤其害怕发生"倒春寒"，通过茶园行间铺草，保持土壤水分，可减轻茶叶冻伤。如果茶园周边建立防护林，能明显降低区域内风速以调节温度，提高湿度减少蒸发量，改善茶园小气候。

在福鼎境内，雨水时节除了早逢春与乌牛早的茶树品种，茶芽生长达到可以采摘的程度，可以进行初制。其他品种的茶树茶芽蓄势待萌发。

三、适饮的福鼎白茶

雨水时节寒意犹存，春意盎然，气温渐渐回升，空气湿润，是养生的好时节，此时养生则讲究"益肝护脾，春捂有度"。在雨水之后，湿气增多，而春寒料峭，湿气夹"寒"而来，最易损伤阳气，因此雨水前后需要重视脾胃的养生，以保护脾胃阳气。

5年陈寿眉，其茶叶内含物转化，茶汤已经呈现红色，滋味醇厚，煮上一壶寿眉，茶香弥漫，能驱赶寒冷气候的湿气；或者泡饮或者焖泡茶，可以生发阳气，如若加上陈皮品饮更佳。陈皮味苦、辛，性温，理气健脾，燥湿化痰，与寿眉共煮，相得益彰。

雨水节气，经过一个新春的饕餮，加上天气乍暖还寒，雨水充足，容易出现春困、乏力现象，尤其适合品饮清爽温润的5年陈寿眉。春季到来，湿气加重，人也难免昏昏欲睡，提不起精神。这时候，一杯温暖身体、提神除湿的陈皮与寿眉合煮的汤便是绝佳的选择了。

唐孙思邈《千金方》："春七十二日，省酸增甘，以养脾气。"同时，雨水节气，为少阳，阳气不稳定，易反复，需要预防"倒春寒"。流感病毒最喜"湿寒"，所以春季也是流感易发期，根据医圣张仲景的《伤寒论》，此时护阳尤为重要。

福鼎白茶的寿眉更像中草药，其制法工艺类似生晒的中草药，药效更佳，药性更足。陈皮就是中药，与寿眉配伍，调养脾胃。白茶含有的黄酮类、氨基酸、可溶性碳水化合物、多糖等含量超过其他茶类，消食去腻、降脂护肠胃保健功效尤其显著，又有静心、养肝的功效。

四、白茶食谱

雨水菜式：寿眉春笋葫芦鸭

主料：田鸭 1 只。

辅料：5 年陈以上老寿眉 12 克、春笋、瘦肉、鸭胗、板栗。

调料：精盐、家乐薄盐鲜鸡精、老酒、姜片、矿泉水等。

制作方法：先将田鸭进行整鸭脱骨后，塞入处理调味烧制后的春笋块、瘦肉块、鸭胗和板栗于鸭腹内，用布袋针线将开口缝起来，再用咸草把鸭子扎成葫芦状，放入冷水锅内焯水，去除浮沫，捞出洗净备用。

取一个大砂锅置于火上，倒入矿泉水、葫芦鸭和姜片，先用大火烧开，下入老酒后再去除浮沫，加盖转小火煲制 1.5 小时至鸭肉酥烂且不变形。将老寿眉经过醒茶工序后，装入煲汤袋内扎紧袋口，投入鸭汤锅内用小火续煲至茶香浓郁，捞出茶袋，调入精盐、家乐薄盐鲜鸡精搅匀即可出锅。

成菜特点：茶香醇厚、汤鲜味美、质地酥烂。

雨水菜式：寿眉春笋葫芦鸭（林坤庸 作）

茶园基地（施永平　摄）

五、逛茶企，选佳茗

年分四季，茶不分离，白茶因等级、年份等区分，呈现出丰富多彩的口感和茶性，适合全年品饮。四季好茶相伴，常喝白茶四季盛。将深山白茶带入千万家，让茶桌上四季都有一款适饮的白茶，这是四季盛人的初衷和愿景。

福建四季盛茶业有限公司始创于 1986 年，延承磻溪国营龙诞茶厂与原吴阳茶厂，是集基地、生产、研发、品牌为一体的福建省农业产业化省级重点龙头企业、宁德市（首批）产业扶贫龙头组织、磻溪茶业行业协会会长单位。

公司坐落于生态优美的福鼎市磻溪镇，在磻溪吴阳村拥有平均海拔近 600米的高山生态老丛茶园基地 2000 余亩，毗邻基地建设标准化生产厂房 2 座，顺应自然规律采制白茶，保障茶园到茶杯的鲜活品质。磻溪村拥有配备先进生产设备与标准仓储的厂房 2 座，满足白茶的精制与陈年转化。

公司秉承"自然、传统、正宗、健康"宗旨致力打造高山白茶典范，吴阳山畲族白茶制作技艺已列入福鼎市畲族非物质文化遗产，企业质量管理体系通过ISO9001 认证，茶品质量安全投保中国人保财险，是 2019 年基地化生态茶园建设表现突出企业。

第三章

惊蛰

茶山飞虹（陈昌平　摄）

惊蛰

陈而成

一震惊雷万物苏，
绿芒次第应时趋。
茶姑料定春消息，
笑拟征衣待上途。

一、惊蛰节气

1. 释义

公历每年 3 月 5 日或 6 日，太阳到达黄经 345°开始。农历惊蛰节气大多数年份在二月，也有在正月。

《淮南子·天文训》："加十五日指甲，则雷惊蛰，音比林钟。"增加十五天北斗柄指向甲，雷声阵阵，惊蛰到来，其音对应十二律中的林钟。

《易经》《象》："雷在天上，大壮。"六十四卦中大壮卦是消息卦，对应惊蛰时节。此时春气萌动，大自然有了新的活力，二月里阳气上升，阴气消退，是自然规律。

清李光地《御定月令辑要·四时气候》："立春以后，天地二气合同，雷欲发声，万物蠢动，蛰虫振动，是谓惊蛰。乃二月之气。"惊蛰反映的是自然生物

赤溪新村（刘学斌 摄）

白茶单芽（陈昌平　摄）

受节律变化影响而出现萌发生长的现象。时至惊蛰，阳气上升，气温回暖，春雷乍动、雨水增多，万物生机盎然。

惊蛰又名启蛰，汉朝为了避汉景帝刘启的名讳，改"启"为"惊"，唐朝重新改为启蛰。唐开元年间编订大衍历时，再次使用惊蛰一词并沿用至今。现今的汉字文化圈中，日本仍用"启蛰"的称谓。

2. 气候

农耕生产与大自然的节律息息相关，惊蛰节气在农耕上有着相当重要的意义，自古以来我国人民很重视惊蛰这个节气，把它视为春耕开始的节令。

惊蛰是反映自然物候现象的一个节气。惊蛰时节，"九九"将尽，气温回升，初雷始至，惊醒了冬季蛰伏的动物，使其蠢蠢欲动。

惊蛰期间，福鼎市平均气温12.0℃，平均降水62.1毫米，平均日照52.1小时。在春季的各个节气之中，惊蛰时节的降水量最少，日照增长最显著，虽会出现低温阴雨天气过程，但天气回暖已成为主流趋势。随着气温回升，雨热同期，土壤积温增加，茶树茶芽蠢蠢欲动，向阳通气良好的地方茶芽萌发可以采摘。

3. 民俗

惊蛰一过，就是国际三八妇女节，春暖花开，山花浪漫时，正是一年踏春好时机。

农历二月初二，一般都在惊蛰节气的前后。在福鼎农村，吃芥菜饭是习俗，芥菜生长到二月二，叶张最盛，聪明的先民利用芥菜叶子，经过滚烫的热水焯去芥菜中辛辣的物质，切细待用，用葱油和上大米饭、猪肉、芥菜、虾皮、盐等，成为节日里必吃的食品。

福鼎双华村畲族二月二歌会，又称"会亲节"，在双华村已流传了 300 多年。双华是畲族村落，畲民种茶历史悠久。畲族歌会源于清初，由传统祭祀神明、祈求平安的"二月二"节日演变而来，现已发展为包括祭神、游灯、对歌、打尺寸、火头旺等系列节目的大型民俗活动。2005 年，"福鼎双华畲族二月二歌会"列入福建省第一批省级非物质文化遗产名录。

4. 物候

黄道周《月令明义》载："桃始华，仓庚鸣，鹰化为鸠。"桃树开始开花，仓庚鸣即黄鹂鸣叫，鸠即布谷鸟鸣叫。总之，意味着春天真正来到。

福鼎候应：兰花幽香，中华梭子蟹膏满，芹菜时令。

在福鼎，桃花也是惊蛰时节盛开，梨花、李花等同时开，开花树种较多。值得一提的是兰花，因为兰花品种很多，有春兰、建兰、寒兰、墨兰等品系。春兰在福鼎的山涧里处处可寻，是当地特产。惊蛰时分，正是春兰花绽放时节，幽香阵阵。

中华梭子蟹，福鼎方言叫蟳〔音切〕，根据文献记载，农历二三月最佳。清《福鼎县志》："蟳，《闽东海错疏》：'蟳似蟹而大。'闽书：'壳两旁尖出而多黄。螯有锯齿，利截物，故曰蟳。而二三月应候而至，膏满壳，子满脐；过则味不及矣。'"

芹菜分本地种芹和西芹。芹菜的种子较难萌发，一般在头年农历六七月播种，待来年才有新鲜芹菜出品，过了农历三月不食。

5.民谚

万物长，惊蛰过，茶脱壳。

注释：惊蛰时间，茶芽的鳞片开始脱落，茶芽开始生长。

未惊蛰先响雷，七十二天天不开。

注释：未到惊蛰先响雷，预示有长时间阴雨天气。

二月二，谷种下地。

注释：二月初，播谷种，育秧苗。

到了惊蛰节，耕地不能歇。

注释：春回大地，万物复苏，播种种地好时节。农耕时代农民种植农作物是

名山出佳茗（刘学斌　摄）

进行轮作，充分提高土地效率。

惊蛰始雷。

注释：指惊蛰时节，春雷乍响，万物复苏，出现一派欣欣向荣的景象。

春雷惊百虫。

注释：春雷刚开始震响，惊醒蛰伏于地下越冬的蛰虫。

二、惊蛰茶事

根据福鼎白茶溯源大数据（简称大数据）统计，2022 年最早茶青交易始于 3 月 5 日，正是惊蛰季节。从大数据里的交易量来看，只是少量茶青交易。惊蛰时节，茶芽萌发不是太普遍，根据不同乡镇和茶园朝向，茶芽萌发程度不同。有些茶园向阳北坡，光照充足、气候良好，就开始萌发，心急的茶农开始采摘了。

曾经在福鼎茶圈流行过一阵福鼎白茶的"小米针"，芽头幼嫩短小，多在雨水至惊蛰期间采摘。近年来，多数茶人以芽头幼嫩未发育完全，伤害茶树生长，滋味品感并不突出的原因，拒绝了小米针的采制。"小米针"是追求猎奇、猎早的畸形茶品，并不被茶友推荐。正常的白毫银针采制，需要时间与气候，使之正常萌发，因此建议茶友无需盲目像绿茶一样，求早求鲜。

这个时期要预防倒春寒。福鼎多山多丘陵，海拔高度从低海拔到 800 多米，都可种茶，可是气温平地与高山相差 6℃，惊蛰时节预防倒春寒尤为重要。近年来，管阳、磻溪镇一带茶叶单芽萌发，恰好遇上霜冻，已经萌出来的单芽受摧残，不能采摘，只好待侧芽重新萌发，往往误了最佳采摘期，同时也造成茶叶减产。

3 月 5 日至春分时节，每年都是制作白毫银针的头采时节。这个阶段，茶芽量少，茶青比较贵重。茶青采摘后就必须进行加工制作，尽量保持茶芽的鲜灵度。制作从萎凋开始，这个时期白茶产量少，不管是茶农还是茶企，一般采用自然（日光）萎凋方式进行。经过 60 ~ 72 小时不等的萎凋，茶叶中 90% 的水被蒸发后，有待下一道制作工序；也有用复式萎凋加工。萎凋后的茶叶，根据茶叶情况进行干燥，干燥后经过一段时间，再进行精制。

缀点夜空（李步登　摄）

三、适游的茶旅线路

在这惠风和畅、蝶飞燕舞、好不惬意的时节，气候温和，雨水充沛，阳光明媚，各种春种农作物播种、种植的季节；沐浴着春光的明媚，享受着大自然的馈赠。热爱福鼎白茶与喜欢旅游、美食的人士在惊蛰时节走进福鼎，可寻找最适合的茶旅线路。

惊蛰时节向您推荐福鼎白茶原产地点头镇、白琳镇的茶旅线。

点头镇是中国白茶特色小镇，分别有中国白茶第一街（张天福题写）；千家茶叶门店，琳琅满目的茶叶产品；闽浙茶花交易市场；中国白茶第一村——柏柳村，有清代福建总督甘国宝向柏柳村民石桥头表弟"企丙张"赠送的玉马和信符（现已遗失），有白茶古作坊，民国茶商梅筱溪故里、《筱溪陈情书》珍贵文献，

> ➤ 上午福鼎出发

◆ 点头镇

途经中国白茶第一街，闽浙茶花交易市场

◆ 纪生源生态茶园

◆ 翁溪村汪家洋

福鼎大毫茶发源地村，观福鼎大毫茶百年母树

◆ 中国白茶第一村柏柳村

访国家级非物质文化遗产传承人梅相靖，

与其祖父梅伯珍遗存及柏柳村茶叶古道

> ➤ 下午返程

◆ 途经大坪村看六妙茶庄园

◆ 连山吴氏古民居（元亨利贞之三房利房）

◆ 翠郊古民居

江南单体面积最大的翠郊古民居（元亨利贞之三房贞房）

◆ 白琳老街

参观丁合利、步生春、同顺泰茶馆等茶文化遗存

◆ 翁江萧家大厝,返程

温馨提示：
沿途感受福鼎清代至民国的茶史。
午餐可选择沿路的农家乐。
如车阳村、柏柳村等。

惊蛰

国家级非物质文化遗产传承人梅相靖；福鼎大毫茶发源地——汪家洋村，福鼎大毫茶百年老树，连山吴氏古民居，大鹅村的梅山等。

白琳镇产茶历史悠久。清乾隆《福宁府志·物产》载："茶，郡治俱有，佳者福鼎白琳，福安松罗，以宁德支提为最。"明确指出，白琳产佳茗。闽红三大工夫红茶"白琳工夫红茶"就在白琳。清代文献记载白琳有白毫茶，即白毫银针，制作极精，为各阜最。民国时期，白琳茶业发展又有新的高潮，白琳老街有 36个茶馆，全县最大的茶行双春隆、合茂智、广泰、恒丰泰、同顺泰等；有江南单体面积最大的翠郊吴氏古民居，清代的翁江萧家大厝。现恢复白琳老街原貌，重修了丁合利、步生春、同顺泰茶馆等茶文化历史遗存。

白琳、点头菜肴极具福鼎特色，从原有的廿四碗变更八盘六，食材用当地的田鸭、目鲞、猪肉、猪肝、猪肚、海蛎、海蜇皮、蛏干、跳跳鱼、蚵、鲨鱼、泥蚶、黄虾、丁香鱼、白鱼干、鸡、鳗鲍、大黄鱼、马鲛鱼、鲳鱼、白鳓鱼、香菇、冬笋制作成佳肴。小吃有点头的米粉汤、手擀面、煎包、牛肉丸、鲨鱼片等。

四、白茶食谱

惊蛰时节因暖生燥，应保持心平气和，宜选用 3 年左右的福鼎白茶、茶青和白茶粉。新茶及春天采摘的茶青，其叶片鲜嫩翠绿，具有花果香、竹叶香和青草香。时令蔬果：洋葱、花菜、芹菜、莴笋、油菜、菠菜、春笋、球生菜、白萝卜、大白菜、卷心菜、橙、杨桃、柚子、甘蔗、香蕉。

惊蛰菜式：春茶焦糖布丁

主料：植脂淡奶油、纯牛奶。

辅料：白茶粉 3 克、白茶茶青 20 克、蛋黄。

调料：白砂糖。

制作方法：将淡奶油、纯牛奶、白茶粉、蛋黄、白砂糖混合搅拌均匀后，再倒入密漏过筛，逐一倒入小茶碗内备用；取一个烤盘加水，把盛有液态布丁的小茶碗放入，备用；烤箱事先预热，上火 210℃，下火 220℃，烤制 30 分钟左右，

惊蛰菜式：春茶焦糖布丁（邱尊水　作）

取出后在布丁面上撒些白砂糖，用火枪喷火烤出焦糖色，用白茶茶青点缀，即可享用。

　　成菜特点：软嫩幼滑、茶气清幽、甜而不腻。

五、逛茶企，选佳茗

　　福建省万氏留香茶业有限公司是一家集茶园种植、生产、加工、销售、科研及茶文化传播为一体的茶产业连锁机构，是福建省农业产业化省级重点龙头企业。通过 ISO9001 质量管理体系认证，为茶产业纳税超百万元企业、福鼎市"三茶"统筹发展表现突出企业、福鼎市生态茶园建设表现突出企业、福鼎白茶双品牌建设表现突出企业、福鼎白茶品牌宣传先进企业、福鼎市茶产业龙头带动表现突出企业等。

公司创立于 1999 年。2005 年，开始发展茶品牌连锁加盟。2013 年以后，公司加大广告宣传力度，广告覆盖中央电视台、部分省电视台、高铁冠名、飞机舱内、明星代言广告及户外大型广告（如：上海震旦大厦户外广告）和各省茶博会参展宣传等。依靠着良好的品质，优秀的管理，多元化的产品研发，以及亲民的服务，截至 2022 年全国各地万氏留香福鼎白茶连锁店已超 400 家，连锁店范围覆盖中国绝大部分省区。

公司秉承做好人、做好茶、做百姓茶、做放心茶的理念，严格实施生态化茶园管理，提高产品品质、把控产品质量，不断追求卓越，为更多的茶人奉献一杯安全健康的好白茶。

第四章

春分

调色盘（吴宝灵　摄）

春分闲题

郑斯汉

悠坐闲庭一盏茶，
晴光鸟语啭枝丫。
疏风浅淡悄然过，
落在身旁几杏花。

一、春分节气

1. 释义

公历每年 3 月 20 日或 21 日，农历一般在二月。此时太阳位于黄经 0°。春分在天文学上有重要意义，南北半球昼夜平分，自这天以后太阳直射位置继续由赤道向北半球推移，北半球各地白昼开始长于黑夜。

《吕氏春秋》载有立春、日夜分、立夏等 10 节气。日夜分即春分，为第二个。

《淮南子·天文训》："加十五日指卯，中绳，故曰春分，则雷行，音比蕤宾。"增加十五日斗柄指向卯位，正当"绳"处，所以称为春分。那么雷声大起，其音相当十二律中的蕤宾。

春分，一是指一天时间白天黑夜平分，各为 12 小时；二是春分正当春季（立春至立夏）三个月之中，平分了春季。春分者，阴阳相半也，故昼夜均而寒暑平；阴阳参半，生命中的最高境界就在这一天出现。

开茶民俗表演（陈方敏　摄）

2. 气候

春分来了，大自然的春意渐次展现。一场春雨增添一层暖意，一阵春雷平添生动春色，人间最美是春分。春分在气候上也有比较明显的特征，这时节天气暖和、雨水充沛、阳光明媚。春分是农耕的重要时节。春分一到，气温回升较快，福鼎市平均气温 13.8℃；雨水明显增多，平均降水 87.3 毫米，是福鼎市春季降雨量最多的节气，平均日照 49.4 小时。

春分节气影响茶树生长的极端天气是倒春寒，近 10 年福鼎市出现倒春寒天气过程 3 次，有的年份还会伴有霜或霜冻，对春茶生长极其不利。如 2012 年 3 月 25、26 日连续两天大部分乡镇温度降至 1 ~ 3℃，出现霜或霜冻；2020 年 3 月 28 ~ 30 日日平均气温连续三天 ≤12℃，29 日市区最低气温 7.2℃，乡镇以管阳镇西阳村 2.1℃为最低。此时春霜冻害，不仅会使茶树顶芽、腋芽受损或停止萌发，而后发出来的春茶芽也常常既瘦又稀，春霜冻后，春茶的采摘期必将延后。

3. 民俗

春分后，3 月下旬就迎来了福鼎白茶开茶节。福鼎白茶开茶节已经成为茶青

人勤春早采新绿（福鼎市茶文化研究会　供）

开采、茶农开售、茶市开张、茶企开业首季开门红。全市各乡镇的民俗节目齐聚到点头镇，开茶节成为全市人民的茶季"嘉年华"。

2022 年是第十一届开茶节，受疫情的影响，在佳阳乡天湖山茶园基地进行线上开茶节，在多媒体时代，线上开茶节受到全国茶人的关注。第一届至第十届福鼎白茶开茶节在中国特色白茶小镇——点头镇举办。从第五届开始，央视进行现场直播，茶频道等媒体跟进，福建省广播影视集团每年进行直播，福鼎白茶开茶节成为媒体竞相宣传的节日。

春分在国外是一些国家的特殊日子，比如她是乌兹别克斯坦的新年，有着 3000 多年的历史。

4. 物候

黄道周《月令明义》载："玄鸟至；雷乃发声；始电。"玄鸟指燕子飞来。雷乃发声，当阴气和阳气势均力敌的时候，才能产生雷，始电。雷鸣之后再过五日，看见闪电。电闪雷鸣，春雨不再潇潇，已是落花知多少了。

福鼎候应：油菜花盛开，蛎鱼子肥，小青菜鲜嫩。

旧时农耕时代，油菜是农民最常种植的经济作物，油菜籽榨成食用油是家家户户必备的用品。福鼎种植的是冬油菜，在每年秋季种植，春分时盛开，5 月份收获种子，种子含脂肪丰富，是榨油的最佳油料作物，下脚料菜籽饼是很好的有机肥。

内海出产的蛎鱼子是本地特产，此季最当令，肉质鲜美，用酸菜或酒糟合煮，滋味特别鲜美。

小青菜又叫小白茶，当地称其为白菜仔，春季播种，春季收获。小青菜一年四季可种可食，春分季尤其鲜嫩。

5. 民谚

春分茶冒尖，清明茶开园。

注释：春分时节茶芽冒尖，清明时节开始采摘。近年来随着地球气温升高，茶芽的采摘时间提前到春分了。

明前茶，两片芽。

注释：明前的茶芽比较少，"两片"此处是稀少之意。

分了社，洋中无人企（站；方言），社了分，洋中闹纷纷。

注释："春社""秋社"是古代重大节日，与二十四节气一样。春社在立春后第五个戊日（50天）。如果春分节气先到，"春社"在后，则天气寒冷，田间地头没有人；先"春社"后春分，天气暖和，田间就很热闹。

春分秋分，昼夜平分。

注释：春分与秋分太阳在回归线上，白天与黑夜的时间相同。

春分不冷，清明冷。

注释：春分时节如果不会寒冷，清明那天气温就会降低。

春分大风，夏至雨。

注释：春分当天如果刮大风，到了夏至时节，就会阴雨不断，雨水多发。

二、 春分茶事

福鼎种植面积最多的是福鼎大毫茶，其次是福鼎大白茶，少量群体种菜茶等。福鼎大白茶、福鼎大毫茶这两个当家茶品种是早生种，每年3月左右萌发，春季采摘品质最佳。春分茶色泽、香气、口感最佳，被视为茶中精品，历来备受茶人钟爱，采制春分茶是制作白毫银针最佳时机。

春分采摘基本是单芽。茶树的茶芽分顶芽、侧芽、不定芽、休眠芽及潜伏芽。茶树经过了一个严冬的休养，根部积蓄着大量的营养成分，随着土壤积温的升高，根部细胞活动加强，就把营养物质源源不断地往顶芽运输。植物生长都有顶端优势，茶树体内产生生长素，促进顶芽的发育，抑制侧芽萌发，营养成分优先供应顶芽，顶芽细胞分裂加剧，包裹在顶芽外的鳞片随着顶芽的萌发脱落，芽头露出快速生长。茶芽鲜嫩肥硕、色泽翠绿。

采摘顶芽后，侧芽变成了顶芽，生长素促进顶芽的萌发，待其采摘后腋芽又变成顶芽，茶芽竞相萌发。茶芽萌发，在高海拔地带的茶园往往可以采摘5轮（茬），低海拔茶园可萌发 6 轮。

采摘单芽茶就是制作白毫银针，白毫银针原材料一年当中采摘 10 ～ 15 天。因采摘时间短、难度大，故而白毫银针的产量低，价格也是最贵的。如果晚采那么几天，茶芽迅速萌发转变成嫩叶，就成为白牡丹的原材料。

万物都有自己的生长规律，茶叶采摘不一定是越早越好、越嫩越好。这就是前些年市场追崇的"小米针"，即未发育成熟的白毫银针。这是受绿茶讲究越早越好的影响。新芽还未展开之际便采摘下来，那么茶叶中的有效营养成分累积不够，做出茶来也是香气偏轻，口味发涩，且不耐冲泡。

春分季是第一批萌发的茶芽，刚抽出的新芽蕴含了茶树的营养精华，茶芽肥壮嫩绿，叶质柔软，其营养成分如维生素、氨基酸等物质得到很好的保护，这使得春茶滋味更加鲜爽，香气更加清幽怡人。

制白毫银针时，茶芽均匀地薄摊于水筛上，勿使重叠，置日光下进行自然萎凋，萎凋时间长达 64 至 72 小时不等。临场制茶师根据经验，观察气候（南风或北风天）、茶叶走水、茶色变化情况进行并筛，并筛目的是萎凋过程中，白毫

有机茶园（吴剑秋 摄）

银针自身温度升高，从而引起新一轮酶促反应，使茶内物质又出现变化，而改变茶的口味。不同制茶师制成白毫银针，会产生各自不同口味。如果遇不良天气，使用复式萎凋方法，即室内萎凋与自然萎凋相结合，这就对制茶师有更高要求。芽头萎凋至九成干以上才完成整个萎凋过程，这时茶叶的含水率可能大大超过10%。

萎凋后的白毫银针要根据实际情况进行堆积，然后烘焙干燥，即初烘，起到固定活性酶的活性作用，同时，进一步使银针缩水至含水率在 10% 以内。初烘后要复烘，在后续精制过程进行。

传统的烘焙方法用炭火烘焙，保持炭火低温烘焙。制茶师用炭火烘焙，严禁炭头产生烟，炭烟会破坏茶叶品质。现在还有一些茶企保留这种古老的烘焙方法，主要是针对客户需求。旧时在福鼎，制茶师在制作白毫银针时，十分注重不轻易用手接触芽头，认为手有汗渍具咸性，会损坏银针上的茸毛；晾晒茶叶过程进行并筛时都不能用手，每个制茶师由此练就并筛的过硬本领。一些老茶师介绍，师傅教他们晒银针时，还用筷子来夹白毫银针。如今的干燥方式大多数用机械烘焙，以适应工业化生产白茶的需要，做到规范化、标准化，白茶不落地的生产标准。

三、适饮的福鼎白茶

《黄帝内经》曰："春三月，此谓发陈。天地俱生，万物以荣，夜卧早起，广步于庭，被（披）发缓形，以使志生，生而勿杀，予而勿夺，赏而勿罚，此春气之应，养生之道也。"发陈，就是利用春阳发泄之机，退除冬蓄之故旧。人身体升发的同时，宿疾、陈疾也开始由内向外发散，冬天蛰伏的病菌也开始苏醒、活跃，此时风邪最猖狂，会带着各种病菌到处肆虐，所以这个时期是流行病多发期。

福鼎茶谚："一年茶，三年药，七年宝。"以 3 年陈白牡丹或贡眉为主泡饮或煮饮，提升人体免疫力。陈 3 年的白茶内含物发生较为明显的变化。春分是一年四季中阴阳平衡、昼夜均等、寒温各半的时期。正是阴阳交替、阳长阴消、湿热相合之时，也是容易肝火旺盛的时候。肝阳过旺会出现头晕、上火、脾气烦躁等常见症状。春气通于肝，肝性喜条达，主疏泄。这个季节养生关键要养阳，重在养肝、护肝。

白茶一年四季皆可喝。相对而言，陈放 3 年的白牡丹，茶多酚在活性酶的作用下，已经开始慢慢转化，茶红素、茶黄素、茶褐素不断生成，造成汤色已经由原来的浅黄色转为橙红色或橙黄色，滋味醇厚，类似红茶的汤。因此，春分季适饮的福鼎白茶为 3 年陈白牡丹。

四、适游的茶旅线

自惊蛰到立夏，春暖花开，最适合茶旅融合旅游。本茶旅线推荐：福鼎—佳阳乡（21公里）—双华畲族村（感受畲族文化）—后阳村鼎白茶庄园—泰美茶镇—周山村南方牡丹园与鼎平县委纪念馆—天湖山茶园恒春源基地—午餐（佳阳乡）—前岐鼎白晒茶场（拍摄白茶日光萎凋）—品品香现代化白茶生产车间—顺茗道茶文化展示馆—绿雪芽茶文化馆与生产车间—潮音岛福鼎白茶生活馆。

沿途可观赏杜鹃花、牡丹花、桃花、茶叶萎凋等。

推荐美食：佳阳、前岐依山伴海，物产丰富。前岐是水果之乡，四季柚、水蜜桃、杨梅有独特风味；水产品有鲈鱼、大黄鱼、石斑鱼、鲵鱼、乌贼等。小吃佳阳猪头肉、羊杂汤，前岐鱼枣、三角饺、土钉冻、炒白粿。

五、白茶食谱

春分的饮食原则为滋阴潜阳，少吃酸性食物，少吃大热大寒的食物，不吃生冷食物，助阳类菜肴也要少吃，适当多吃甜食，多吃滋阴食材，平衡阴阳；蔬菜类可选择性味平和的水萝卜、甜椒、白菜、红菜苔、油菜、甘蓝、花菜、芥菜、芥蓝、菠菜、芦笋、木瓜等。

春分菜式：云雾茗香饭

主料：泰国米饭（熟）750 克。

辅料：白茶粉 3 克、高山云雾白茶茶青 40 克、菠菜汁、炸干贝丝、酱油肉丁、

温馨提示：
· 前岐是水果之乡，
四季柚、水蜜桃、杨梅有独特性；
· 水产品有鲈鱼、大黄鱼、石斑鱼、鲶鱼、
乌贼等。
· 小吃佳阳猪头肉、羊杂汤、前岐鱼枣、
三角饺、土钉冻、炒白粿。

➤ 上午福鼎出发

◆ 佳阳乡（21公里）

◆ 双华畲族村（感受畲族文化）

◆ 后阳村鼎白茶庄园

◆ 泰美茶镇

◆ 周山村南方牡丹园与鼎平县委纪念馆

◆ 天湖山茶园恒春源基地

➤ 下午

◆ 前岐鼎白晒茶场（拍摄白茶日光萎凋）

◆ 品品香现代化白茶生产车间

◆ 顺茗道茶文化展示馆

◆ 绿雪芽茶文化馆与生产车间

◆ 潮音岛福鼎白茶生活馆

春分

春分菜式：云雾茗香饭（林坤庸 作）

虾仁丁、芦笋丁等。

调料：精盐、鸡精、姜末、山茶油等。

制作方法：将菠菜汁倒入熟泰国米饭内拌匀，茶青放入沸水锅内烫 3 秒钟，捞出过凉水，挤干水分，用刀切碎备用；锅烧热，下入山茶油、姜末、酱油肉丁、虾仁丁和芦笋丁炒香，然后倒入拌好的泰国米饭用大火炒出香味至米饭松散开时，调入精盐、鸡精、白茶粉和炸好的干贝丝再次翻炒均匀，出锅装盘即可。

成菜特点：茶气清幽、色泽翠绿、老少皆宜。

六、逛茶企，选佳茗

福建永香茶业有限公司位于中国白茶特色小镇——福鼎市点头镇，是一家集茶叶种植、生产加工、销售经营、产品研发和茶文化传播为一体的农业产业化省级重点龙头企业。公司始创于 1990 年，前身为点头兴隆茶厂。

永香茶业为守住白茶得天独厚、不可复制的地理气候环境，在原产地打造

映像茶园（郑雨景 摄）

2200多亩生态茶园，采用"公司＋农户＋基地"的农企合作经营模式，真正实现一杯好茶从源头做起。建立现代化生产车间、标准化仓储库房，组建高素质、专业化的研发管理团队，并通过ISO 22000：2018食品安全管理体系认证。永香茶业坚持"做好品质良心茶"理念，老白茶须陈放三年以上方可压制成茶饼，以保证茶叶充分转化，更有内涵，为消费者提供放心好白茶。

公司自成立以来，始终秉持"永久诚信、香飘万里"的宗旨，开拓创新、务实进取，为努力实现现代化、标准化白茶龙头企业而拼搏。公司以"时光恒久远、好茶永香传"为宣传口号，打造中国白茶口碑品牌，引领行业健康理念，倡导优质茶生活。永香是深受代理商、消费者认可信赖的白茶品牌。

第五章

清明

春暖花开（李文迪 摄）

清 明

秦如陵

抢趁清和晒翠屏，
细匀芽叶薄摊青。
新茶自是阳光味，
也带村头草树馨。

一、清明节气

1. 释义

公历每年 4 月 4 日或 5 日，农历一般在三月，也有年份在二月。太阳到达黄经 15° 时开始。

《淮南子·天文训》："加十五日指乙，则清明风至，音比仲吕。"增加十五日北斗斗柄指向乙位，清明之风吹来，其音相当于十二律中的仲吕。

《淮南子·地形训》："东南曰景风。"东南吹来的风，温暖而清新；清明风，又叫景风。清明节其实是由风名而成为节气之名。清明的得名，不仅源于万物此时的生长清洁明净，也源于这一时期流转于天地之间清新的阳气与太阳。

交易（施永平　摄）

清明节是中华民族古老的节日，在仲春与暮春之交，是人们亲近自然、踏青出游、享受春天的节日，故又名踏青节。清明兼具了自然与人文两大内涵，既是自然节气点，也是传统节日，扫墓祭祖与踏青郊游是清明节的两大礼俗主题，自古传承，至今不辍。

2. 气候

清明是表征物候的节气，阳光明媚，草木萌动，气清景明，万物皆显，自然界呈现生机勃勃的景象。"一年好景在清明"。当此时节，严冬已过，气候转暖，莺飞草长，杨柳飘丝，惠风和畅，一切充满了生机。

清明前后，太平洋暖湿空气势力日益增强，华南前汛期开始。福鼎市平均气温 16.3℃，平均降水 73.0 毫米，平均日照 59.6 小时。福鼎白茶进入最适宜采摘的节气之一，此时气温适宜，茶树植株体内氮元素等物质新陈代谢旺盛，有利于茶多酚、氨基酸、咖啡碱、茶多糖、蛋白质的合成与积累，清明前后茶叶品质最好。

3. 民俗

清明扫墓缘起春秋时期介子推的传说，1937 年中华民国政府规定 4 月 5 日为清明节。2006 年 5 月 20 日，中华人民共和国文化部申报的清明节经国务院批准列入第一批国家级非物质文化遗产名录。2007 年 12 月 7 日国务院规定清明节放假 1 天，2009 年改为 3 天。

清明节气在福鼎已形成重要节俗。福鼎扫墓风俗要在祭祖时供奉牲礼、香烛，再烧些纸钱。祭祀时供奉茶与酒，茶在前，酒在后，礼敬三巡后鸣炮，宣读祭文，发放扫墓光饼。人丁兴旺的人家扫墓还需轮流坐庄，扫墓后家里人聚会办扫墓酒宴。如今扫墓祭祖习俗已经成为缅怀先人的一种仪式。

在福鼎，清明这天，家家户户都会上山采摘茶叶留存以备不时之需。当地百姓认为这一天采制的茶叶能够"清心明目，养益身心"。此时天气晴朗，四野明净，大自然处处勃勃生机。茶树新芽萌发，正待采下成茶，延续生命的传奇。人们把清明日当天采摘制作的白茶视为珍宝。将当天采制的白毫银针赠送给当年出生的男孩，称子孙茶，寓意男孩要传宗接代，像银针一样茁壮成长，处处冒尖；

将当天采制的白牡丹赠送给当年出生的闺女，称女儿茶，寓意并祝福女儿如花似玉，一生富贵，并作为女儿出嫁的陪嫁品。

4. 物候

黄道周《月令明义》载："桐始华，田鼠化为鴽，虹始见。"意思是在这个时节先是白桐花开放，接着喜阴的田鼠全回到了地下的洞中不见了，然后是雨后的天空可以见到彩虹了。

清明（耿丽 摄）

福鼎候应：檵木花开，虾蛄红膏，鼠曲粿香甜。

清明时节百花盛开，桃花、李花皆开放，檵木花是野生品种，在福鼎，檵木又称清明花，清明时节盛开，当天人们往往采集其花朵晒干入药，其花清热、止血，用于鼻出血、外伤出血。

"三月虾蛄四月鳗"，这是民谚也是对农历三月份内海时令产品的说明。农历三月虾蛄交配繁殖季节，最为肥壮，肉质鲜美。

清明吃鼠曲粿是风俗。鼠曲草是一种野生的植物，又称鼠麴草、天青地白、米曲、鼠耳、无心草，可入药，鼠曲草性平，味甘，能祛痰止咳，主治咳嗽痰多、气喘等症。在田野里，茶园中，山坡上都有。鼠曲粿就是鼠曲草和粳米做成的，采摘鼠曲草漂洗干净，接着放入沸水中焯一焯捞起来沥干剁碎，放入石臼中舂成糊状为止，倒入早已蒸熟的适量粳米一起捶打。鼠曲粿散发出淡淡的青草味，揉成圆柱状或其他各种形状，煎炒皆可。

5. 民谚

三月清明没茶摘，二月清明茶等客。

注释：古人用农历来预测茶叶的状况。清明在农历三月，茶叶减产严重；如果在农历二月份，茶叶丰产。

明前茶，两片芽。

注释：清明前的茶以芽为主。茶芽分顶芽、腋芽。茶叶分鳞片叶、鱼叶、真叶。

清明前后，种瓜点豆。

注释：清明前后几天是播种的最佳时机，丝瓜、瓠瓜等瓜类种子与大豆种子下地。

清明种姜，谷雨拿枪。

注释：清明日种下姜，谷雨就会冒出芽头。

早采三天是宝，晚采三天是草。

注释：茶芽在春分就萌发了，单芽的价格与一芽一叶或一芽二叶的价格相差好几倍。

阳光的味道（李文迪　摄）

竹笋，清明拔长谷雨拔节。

注释：野生的竹笋有 30 种，笋的季节就在当下，快速生长。

二、清明茶事

清明前后，大地回春，春寒乍暖，正是茶农采茶制茶的时节。清明前采摘的茶，称明前茶。清明节前茶叶根部大量运输营养成分，所以萌发的芽叶肥壮鲜嫩，香气物质和滋味物质含量丰富，是茶中佳品。清明时节采摘周期短，芽头数量有限，茶叶嫩芽色泽翠绿，叶质柔软，香高味醇，气质优雅，富含多种维生素和氨基酸。清明前气温普遍较低，芽头发芽数量有限，芽头生长速度偏慢，导致清明茶采摘周期短、产量低，所以明前茶较为珍贵。

福鼎的茶农自古就把清明节当日采制的白茶，视为全年中品质最好、最贵的茶叶。老百姓把清明白茶保存下来，用在一些传统习俗上，如前面提到的"子孙茶"和"女儿茶"。常年保存下来的清明白茶，在当地茶农手中有了更多妙用，如治疗咽喉肿痛、感冒发烧、牙疼等。

白茶采制很重视节气而作。根据文献记载，清明前 3 天才开始采摘（近年来由于气候变暖等因素，最早采摘时间提前 15 天以上）。旧时采摘茶叶把芽叶采回，加工成毛茶，剔出鱼叶成白毫银针，这种方法叫剥针。现在采摘方法改变了，在茶园里直接采单芽，然后用单芽制作白毫银针。

传统福鼎白茶的加工工艺，制法特异，不炒不揉，仅萎凋及干燥两道工序。白茶制作工艺中最重要的就是萎凋，它是形成白茶香气与品质的关键步骤，也是白茶能够越陈越好的关键因素。茶叶采摘后就要摊晾在竹篾枰上，经过萎凋工序后，放在焙笼上进行炭火低温烘焙。

随着福鼎白茶的兴起，清明时节气温升高，茶青产量大，茶叶加工方式越来越多样化，有室内萎凋、复式萎凋、LED 光源萎凋等多种形式。干燥以烘干机为主。因其制法不炒不揉，最大程度保留茶叶中的活性成分，在自然陈化的条件下越陈越香、越陈越有助于健康，历久弥珍。

总之，一年之中，清明时节前后是茶事最忙的季节，茶农采摘茶青，茶企茶叶加工量大。

三、适饮的福鼎白茶

清明节是喝茶的分割线，最佳饮品陈 3 年的白毫银针。根据科学实验研究，3 年陈的白毫银针与当年生产的白毫银针新茶内含物成分有了变化，其性味都发生改变，汤色、香气、滋味都有很大变化。当年生产的白毫银针在人们的意念中属性寒凉茶类，但是存储后的白毫银针，阴寒人群品饮后不存在不适感。清明时节品饮陈 3 年的白毫银针，其健脾润肺功效能充分发挥。

复旦大学李辉教授及研究团队发现归经感受最强的是茶叶。通过饮茶后人体的红外辐射成像，直接将经络显现了出来，不仅另辟蹊径证明了经络的存在，同时也证明了喝茶的体感和茶气走向的存在，这意味着饮茶和经络养生有密切的关系，喝了不同的茶以后，身体的不同部位会迅速发热，甚至大量流汗。为了证明这种归经感受是客观、可重复的，研究团队不仅在初步测试中让个体双盲重复喝茶来报告感受，召集了 24 位体感通透的志愿者来参与试验。得出结论：茶叶根据采制的不同，有阴阳之分，绿茶、青茶、红茶、黄茶、黑茶、白茶六类茶叶分别对应着太阳、阳明、少阳、少阴、厥阴、太阴六种阴阳分序。《茶道经》："*得天而晒青陈化者谓之白茶，气属太阴，多白茶脂而健脾润肺。*"白毫银针陈化后白茶脂增加，其适饮人群更广。

四、白茶食谱

清明菜式：茶芽碎蒸桐江鲈鱼

主料：桐江鲈鱼 1 条，900 克。

辅料：福鼎白茶嫩芽 30 克、五花肉末、葱丝、西兰花。

调味料：精盐、家乐蒸鲜豉油、薄盐鲜鸡精、生粉、鸡蛋清。

制作方法：将鲈鱼宰杀洗净，用刀取下两侧鱼肉去除肋刺，然后把带皮鱼肉批成薄片后，放入盆内用自来水冲净血水，捞出沥水再用干毛巾吸干水分，加盐、蛋清、生粉腌制拌匀，用色拉油封面备用。

五花肉末加入精盐、家乐蒸鲜豉油、生粉、鸡蛋清和杀青处理后的福鼎白茶嫩芽（切碎），搅拌均匀备用。

将拌好的茶芽肉末摆入盘内垫底，再将鲈鱼头尾和鱼骨摆入盘中间，入蒸笼内预先蒸至七成熟，然后逐一铺上腌制好的鲈鱼片，放入蒸笼内蒸 3~4 分钟至熟，取出倒去多余的水分。将葱丝放在蒸熟的鱼肉上方、浇上热油、摆上西兰花点缀，最后淋上复合蒸鱼汁即可。

成菜特点：福鼎是"中国鲈鱼之乡"，鲈鱼鲜美配以白茶是佳肴。白茶能祛除荤腥、提鲜增香、有益健康，融餐饮＋茶文化＋文旅于一体，雅俗共赏，老少皆宜。此道菜肴质感鲜嫩、豉鲜饱满、复合滋味十足，茶味回甘自然，颜色亮丽诱人，是福鼎当地的一道地标非遗美食，也是当下健康餐饮的创新模式和经营新亮点，先后在央视 CCTV-2《生活有道 美味中国》等有关媒体上进行宣传报道。

清明菜式：茶芽碎蒸桐江鲈鱼（张乃城 作）

茶青交易（杜海鸣　摄）

谷雨太姥看茶

王瑾琛

桐花岗上又纷飞，
鹃鸟无情春欲归。
谷雨名茶生太姥，
三山五岭绿浑肥。

<h2 style="text-align:center">一、谷雨节气</h2>

1. 释义

每年公历 4 月 20 日或 21 日，农历一般在三月。太阳黄经 30° 开始。

《淮南子·天文训》："加十五日指辰，则谷雨，音比姑洗。"增加十五日北斗斗柄指向辰，那么则是谷雨，其音相当于十二律中的姑洗。姑洗即三月，故也，新也，阳气养生，去故就新。

《月令七十二候集解》："三月中，自雨水后，土膏脉动，今又雨其姑于水也，雨读作去声，如'雨我公田'之雨。"盖谷以此时播种，自上而下也。雨生百谷，时雨将至。土膏脉动，谷物得雨而茂盛，这是一年中最关键的雨水。

谷雨时节，降水明显增加，田中的秧苗初插、作物新种，最需要雨水的滋润，

茶农印象（潘光生　摄）

谷雨（耿丽 摄）

正所谓"春雨贵如油"。降雨量充足而及时，谷类作物能茁壮成长。"时雨乃降，五谷百果乃登。"谷雨最主要的特点是春雨绵绵，有利于谷物生长。谷雨，是雨生百谷的幸福，也是春天的一场落幕。

2. 气候

季风海洋性气候是福鼎气候的主要特点。福鼎市的降水主要是由东南季风带来的，降水在福鼎的地理空间上呈现西北雨量多，即点头、磻溪、管阳、白琳等乡镇降雨量多，东南沿海少，即沙埕、前岐、店下等乡镇雨量少。

谷雨时节，寒潮已尽，一旦冷空气与暖湿空气交汇，往往形成较长时间的降雨天气。谷雨季气温回升加快，福鼎市平均气温19.0℃，较清明节气升高2.7℃，平均降水65.8毫米，平均日照61.8小时，茶芽萌发迅猛，正是春茶采摘的最佳时节。

茶叶与谷雨的关系最为密切。茶叶品种分特早种、早生种、中芽种、晚芽种，全国各地茶树品种在谷雨时期基本采摘。福鼎大白菜、福鼎大毫茶在谷雨时节正值茶芽萌发期，也是采摘盛期，但是只能采摘一芽二三叶，是白牡丹或者寿眉品类的原材料。

3. 物候

黄道周《月令明义》："萍始生，鸣鸠拂其羽，戴胜降于桑。"水中萍藻开始生长；斑鸠振动羽毛，提醒农民播种；戴胜小鸟落到桑树上。

福鼎候应：漫山杜鹃花，乌贼当令，白蜈蚣笋生。

杜鹃花品种多，花开红色的叫映山红，当地方言"畲客婆花"。福鼎是畲族聚居地，畲族人常年在山里生活，把映山红喻为本族花朵。

乌贼又称墨鱼，是东海盛产的海产品之一。谷雨时节，正是墨鱼捕捞期，市场上出现鲜活的墨鱼。

福鼎的笋品类众多，有 30 多种。谷雨时节，毛竹的笋恰巧还没露出，一根又长又大的笋被挖，剥开笋壳，笋肉尤为洁白，农民称其为"白蜈蚣"笋，特别鲜甜。

4. 民俗

清明节当天扫墓风俗一直留存，福鼎人讲究扫墓祭祖，往往一户人家需要扫好几个墓，一般墓地偏远，清明当天来不及祭祀，就可延迟至谷雨祭拜。

福鼎有些村庄把谷雨当天当成重大的节日来过，谷雨当天召集亲朋好友到家里聚餐，像过节一样；或者谷雨日扫墓，请亲朋好友喝"扫墓酒"。

收茶（陈方敏　摄）

阳春三月茶飘香（郭建生　摄）

谷雨前后是香椿上市的时节，这时的香椿醇香爽口、营养价值高，有"雨前香椿嫩如丝"之说。采香椿、吃香椿是充满乐趣的春事之一。

《福鼎县乡土志·地理》载："一都以茶、烟为多。八都有茶名绿芽，味极甘美。九都出产茶诸品。十四都……举州一带多植茶，谷雨一过，人行路中，茗香扑鼻。"县志文献记载，谷雨时节，举州沿线村庄植茶、采茶、制茶，茶香扑鼻。

谷雨茶，即雨前茶，是谷雨时节采制的春茶，谷雨茶说的是绿茶为主，滋味鲜活、香气宜人。老百姓口口相传谷雨这天的茶喝了能清火、辟邪、明目等。清代文人郑板桥《谷雨》："不风不雨正晴和，翠竹亭亭好节柯。最爱晚凉佳客至，一壶新茗泡松萝。几枝新叶萧萧竹，数笔横皴淡淡山。正好清明连谷雨，一杯香茗坐其间。"松萝茶正是绿茶。

谷雨时节制作白茶一般是一芽一二叶，白牡丹的级别。俗话说"清明的芽，谷雨的茶"，谷雨时节，正值新茶上市，清甜鲜爽，令人向往，但此时新茶不宜多喝。谷雨时节气温升高，容易引发肝火，新茶火气未退，建议少量尝鲜，以品代饮。

5. 民谚

谷雨寒死老鼠。

注释：谷雨时节，气温变化较大，冷空气偶尔莅鼎，把小动物冻死。

清明断雪，谷雨断霜。

注释：清明不会下雪，谷雨不存在霜冻。

清明到出，谷雨到长。

注释：野生的苦笋或岸笋之类在清明时节到处萌发，谷雨节气一到就拔节疯长。

二、谷雨茶事

福鼎的老茶农很有经验，他们观测福鼎大白茶、福鼎大毫茶生长特征，一到谷雨时节，芽芯就变得松弛。这个阶段只能采摘白牡丹级别，一般采摘一芽一二叶，产量高。采摘后，经过 3 天时间，又一轮芽叶长成，需要频繁采摘。许多农户忙不过来，常常雇佣外人采摘。因此在农村没有闲人，擅长采摘的茶农一天采摘茶青，就可以得到很高的收入。

谷雨后，福鼎茶园最经常出现的有小绿叶蝉等害虫，这时应打开诱虫灯，茶园挂黄板，密切注意病虫害的发生。对于病虫害，遵循"预防为主，综合防治"方针，从整个茶园生态系统出发，综合运用改善茶园生态系统、坚持农艺技术措施为主等防控措施，创造不利于病虫草等有害生物滋生和有利于各类天敌繁衍的环境条件，保持茶园生态系统的平衡和生物多样性，将有害生物控制在允许的经济阈值以下。

传统的日光萎凋初制加工白茶已经逐渐不适应当今的生产方式，一般都以室内萎凋方式进行，因为茶叶采摘数量太大，自然日光萎凋受场地与人工成本的影响。目前只有少数茶企，如鼎白茶业有限公司依然保持日光萎凋方式制作白茶。有些企业以复式萎凋方式加工白茶。复式萎凋也有多种，在阳光下晒制一段时间，又把茶叶进行室内萎凋；有的在室内用透明阳光房萎凋茶青，通过送热风促进茶青走水；有的用 LED 光源（仿太阳光模式）萎凋；有的用萎凋槽萎凋。不同茶企、不同茶青、不同的天气所采用的加工方式不同。

萎凋后烘焙的方式也有不同，烘焙方式分为传统的炭火烘焙与烘干机机械烘焙。炭火烘焙总量少，基本采用烘干机烘焙方式进行。初焙前茶叶要进行堆积，根据不同需求堆积时间不同，主要针对白茶萎凋过程走水时内含物转化而定。

谷雨时加工的白茶产品为初加工产品，到成品茶还要经过养茶、精制、复焙、包装等程序。

三、适游的茶旅线

谷雨时节，正适合茶旅融合游览，体验采摘茶叶、加工茶叶过程。推荐茶旅线主要是太姥山、磻溪线路。

世界地质公园、国家级 5A 级风景名胜区——太姥山是中国海边最美的山，终年云雾缭绕，被誉为"海上仙都"。太姥山是福鼎茶树的发源地，陆羽《茶经》：

茶园诗意（林秀链　摄）

北

赤溪村

太姥神庙

方家山村

绿雪芽庄园

太姥山

福鼎

➤ 上午福鼎出发

◆太姥山(28公里,40分钟)

是中国海边最美的山,被誉为"海上仙都",

"峰险、石奇、洞幽、雾幻"。

太姥山是福鼎白茶发源地,福鼎大白茶、

福鼎大毫白茶母树追根溯源就在太姥山。

这个时节太姥山的杜鹃花、海棠花、

四季柚花等山花烂漫,色彩缤纷。

➤ 下午

◆参观方家山村,参拜太姥神庙

◆绿雪芽庄园(感受国家级龙头茶企)

◆方家山生态茶园(方家山村在绿雪芽庄园后)

◆方家山村

◆中国扶贫第一村——赤溪村

温馨提示：

· 时令食品有春笋、梭子蟹、

墨鱼、大黄鱼等。

(特别推荐春笋、墨鱼和猪脚合煮。)

· 午餐可选择太姥洋村农家乐或绿雪芽庄园,

赤溪村可参观杜家堡、

畲族展示馆,

体验坐竹排漂流。

谷雨

"永嘉县东三百里有白茶山。"经茶叶专家陈橼、张天福考证，白茶山即太姥山。福鼎大白茶、福鼎大毫茶母树追根溯源就在太姥山。太姥山脉的杜鹃花、海棠花、四季柚花等山花烂漫，色彩缤纷，此季既可观景，又可以到鸿雪洞旁朝圣福鼎白茶母树，探寻白茶原产地，同时感受太姥山的"峰险、石奇、洞幽、雾幻"。

游览了太姥山，可以沿着茶旅线路，到太姥山的绿雪芽庄园、白茶神庙、方家山产茶村访茶，体验白茶制作技艺。方家山村可直通中国扶贫第一村——赤溪村（磻溪镇辖区）。

谷雨时期，太姥山镇与磻溪镇的食材有中华梭子蟹、大黄鱼、小黄鱼、石斑鱼、鳗鱼、墨鱼、毛竹笋（白蜈蚣笋）、春笋类、倒光刺鲃（鲢鱼）、土鸡等。小吃有鼠曲粿、秦屿鱼丸、乌米饭、馍馍、鼎边糊、手擀面、小笼包、年糕等。

四、适饮的福鼎白茶

适饮的茶就是陈1年的白牡丹茶。李辉《二十四节气茶事》："太阳气入于地，托太阴气起于天，因而地暖天凉，谷生雨降。人体宜托太阴气，使脾气顺，肺气畅，一壶白牡丹茶最佳……牡丹之气多在右，而外发于肤发，解表祛疹。饮白牡丹茶，体测温热，皮肤汗湿而清凉，口咽溃疡即销，周身红疹速平，此非妄言，试之即之。"

复旦大学李辉教授特意为白牡丹题诗。《五绝·白牡丹茶》："香满溢成风，色浓淋作雨；无缘卧牡丹，露湿阑干处。"

《二十四节气与淮南子》："谷雨茶，谷雨时节采制的新茶。（明）许次纾撰《茶疏》云：'清明太早，立夏太迟；谷雨前后，其时适中。'清明见芽，谷雨见茶，真正的好茶，采自谷雨时节，芽叶肥硕，色泽翠绿，叶质柔软，营养丰富，味道香醇。谷雨又名'茶节'，谷雨节品尝新茶，相沿成习，这时也是采茶、制茶、交易的好时机。喝了谷雨茶，能清凉解毒，夏天不易生痱子、疱子。"这里说的主要是绿茶类，福鼎白茶与绿茶区别就在于谷雨采制白牡丹，春分、清明才能制作最好的白毫银针。

五、白茶食谱

谷雨菜式：茶芽春笋

主料：毛竹笋（福鼎农民称白蜈蚣）。

辅料：白茶茶青 25 克、姜末、微型蔬菜。

调料：精盐、味精、鸡精、清汤、山茶油、湿淀粉等。

制作方法：将毛竹笋剥去外壳、去除头部粗老部位，取其净料用刀切成片状，然后放入沸水锅内稍微煮 1 分钟，捞出沥干；白茶茶青放入沸水锅内焯水约 3 秒钟，捞出用冷水冲凉，挤干水分，用刀切碎备用。锅置火上烧热，下入山茶油、姜末和春笋片翻炒均匀，调入精盐、味精、鸡精、清汤，转中火烧至入味，再倒入切好的茶青碎翻炒，用适量的湿淀粉勾芡，淋明油起锅装盘，用微型蔬菜点缀即可。

成菜特点：笋肉洁白、茶青翠绿、鲜甜爽脆。

谷雨菜式：茶芽春笋（郑贝贝　作）

六、逛茶企，选佳茗

福建鼎白茶业有限公司前身为福鼎市福东茶厂，创建于1985年，现已发展成为一家集茶叶种植、生产、销售及茶叶深加工产品和衍生品研发为一体的综合性白茶专业企业。鼎白标准化工厂建成了全国行业领先的白茶日晒场，占地面积1万多平方米，可同时晾晒3.5万千克鲜叶。

鼎白茶业以坚持传统、崇尚自然为制茶理念。坚持72小时日光萎凋、文火足干的传统制茶工艺，突显传统白茶的"毫香蜜韵"，最大程度体现鼎白"来自阳光的味道"这一产品特色。建立标杆级的仓储体系，坚持"纯干仓"存茶法，5%含水率干茶入库的高标准，突显传统白茶的"越陈越香"。

鼎白茶业所制成茶在"中茶杯""国饮杯""鼎承茶王赛"等多个全国性茶叶评比赛事中荣获茶王金奖，更是在"海峡两岸茶王擂台赛"中蝉联5届白茶茶王。2015年走出国门，荣誉参选百年世博中国名茶评选活动，并一举夺得最高奖项——"金骆驼奖"。

鼎白茶业自成立以来坚持以"精益求精、臻于至善"的企业精神，"守法为宗、诚信为本"的经营原则，"合作共赢、创造和分享价值"的发展理念，为消费者提供高质量的茶叶产品及茶生活服务，制茶以心，事茶以诚，不断超越。

花开时节（林昌峰　摄）

第七章

立夏

茶园飘香迎客（毛真怡　摄）

立夏饮茶

郑守朝

楝花零落柳毵毵，
瀹茗围炉友二三。
自是春归成往事，
聊斟一盏品回甘。

一、立夏节气

1. 释义

公历每年 5 月 5 日或 6 日，农历一般在四月，也有在三月。太阳到达黄经 45°时开始。

《淮南子·天文训》："加十五日指常羊之维，则春风尽，故曰有四十六日而立夏。大风济，音比夹钟。"增加十五日指向常羊之维，那么便春分停止，因此有说四十六日而立夏。大风停止，其音相当于十二律中夹钟。

《易经》中有 12 个消息卦，分别对应 12 个农历月份。四月对应是乾卦，立夏对应的正是乾卦。

历书："斗指东南，维为立夏，万物至此皆长大，故名立夏也。"立夏后，日照增加，逐渐升温，雷雨增多，农作物进入了茁壮成长阶段。春生、夏长、秋收、冬藏，时至立夏，万物繁茂。立夏，标示万物进入旺季生长的一个重要节气。

2. 气候

立夏，在福鼎还不能说进入夏季；但是进入立夏，气温明显升高，白昼渐长，

茶园绕山城（陈昌平 摄）

一缕阳光（施永平 摄）

炎暑将临，雷电、冰雹、暴雨等强对流天气也逐渐增多。

立夏期间，福鼎市平均气温 21.3℃，平均降水 76.6 毫米，平均日照 65.1 小时。这时的茶树春梢发育最快，茶叶、茶梗易老化，福鼎俗称茶叶进入"二春"，茶青品质比不上清明、谷雨时节。立夏时节出现的高温天气对茶树生长有影响，茶树在高温条件下，会进入一个休眠期。如 2020 年 5 月 16 日市区最高气温 35.2℃，点头镇、磻溪镇最高气温 36.4℃。2022 年立夏时节降水量猛增，超过平常年份的降水量。

3. 民俗

《淮南子·时则训》："立夏之日，天子亲率三公、九卿、诸侯、大夫，迎立夏于南郊。"由此可见，古代皇族对立夏的重视。

在福鼎有些乡镇保留民俗就是吃立夏饼。立夏饼以糯米为主料，加入蚕豆与韭菜磨成浆，煎成饼。蚕豆是太姥山、店下一带尝三新食物之一，福鼎的老百姓以制作立夏饼的方法变通着尝三新。

食"立夏蛋"也是习俗。福鼎习俗中，在立夏日韭菜炒蛋是重要的习俗。立夏开始，人与万物一样加速生长，需要肾中精气的支持，古人认为立夏蛋能补肾气，保养精气血。

4. 物候

黄道周《月令明义》："蝼蝈鸣，蚯蚓出，王瓜生。"蝼蝈蛙别名，青蛙开始鸣叫；阳气盛，蚯蚓从土中爬出；王瓜的蔓藤开始生长，王瓜全身入药。

福鼎候应：桐花盛开，白鳓鱼当令，枇杷成熟。

桐花是指油桐树花，福鼎城所在地原来称"桐城"。经福鼎市第十七届人大常委会第十五次会议听取和审议了《福鼎市人民政府关于提请审议命名"市树、市花"的议案》，油桐树被确定为福鼎市树。福鼎城区遍地都种植桐树，桐花雌雄异株，先叶或与叶同时开放；花瓣白色，有淡红色脉纹，盛开时煞是好看。油桐种子榨油，是重要的工业用油。福鼎多海，多溪流，古代需要造船，桐油就是在造船时的防水用料。

海产品时令为白鳓鱼，又名白鳞鱼、鳓鱼、曹白鱼、鲞鱼、快鱼。《福鼎县志》："白鳓，《府志》：'多刺，形似鲥而稍薄。'"初夏由外海至近海产卵，常居栖于深海中，主要以鱼类动物及头足类动物为食，产卵时形成鱼汛。

枇杷在福鼎种植历史悠久，清嘉庆版《福鼎县志》："枇杷，一名卢桔。"立夏时节正是福鼎所产的枇杷上市季节。老人们常说："枇杷吃四季水，营养丰富。"枇杷是常绿水果，适食人群广泛。

5. 民谚

立夏茶，硬喳喳。

注释：福鼎的茶树茶芽萌发，一到立夏，木质部快速生长，使茶芽变硬，不适合制作白茶。同时，立夏后的茶嫩梢做成绿茶，泡饮隔日就发酸。

立夏寒死老侬爸。

注释：立夏节气，气温依然变化莫测，有时寒潮来临，体质弱的老人，往往会因为气温骤降不适应而仙逝，形成这样的气候俚语。

立夏晴，蓑衣满田埂；立夏落，蓑衣挂檐下。

注释：立夏当天如果晴朗，夏季就会经常下雨，田里的农民穿蓑衣干农活；反之，夏季雨水就少。

二、立夏茶事

福鼎大白茶、福鼎大毫茶一般从春分开始萌发，清明、谷雨进入采摘盛期，顶芽的顶端优势随着不断的采摘，侧芽不断萌发，常常3天后又有新一轮的茶芽

立夏（耿丽　摄）

萌发，从3月20日的春分到立夏，茶芽经过4到5茬的生长，也进入茶芽萌发潜伏期。

自古以来，福鼎的茶农认为立夏时节的茶制作不了上好的茶叶，因此有休茶的习俗。这与植物生长的规律相同。植物生长靠阳光进行光合作用，茶叶通过合成的碳水化合物与其他营养物质先输送至根部储存，此时不进行采摘，就能使根茎部存储大量营养物质，待夏季过后茶芽再次第萌发，地上部分与地下部分交替进行释放营养物质。所以进入立夏有必要进行休茶，以便根部储存更多的营养物质，为秋茶的茶芽萌发或来年单芽萌发提供更多的营养。

福鼎茶园免耕密植居多，茶园中的杂草较少，因为密植使太阳光难以照射到园地里，阻碍杂草生长。

随着温度、湿度的提高，福鼎的茶园因为通透性比较差，容易引起病虫害的发生。5月份福鼎常见的病虫害有小绿叶蝉、茶叶螨类、茶丽纹象甲、茶尺蠖等，它们开始出现；同时一些病害如茶炭疽病、茶煤烟病等也会开始发生。福鼎推行绿色生态防控手段，在茶园及周边不使用除草剂，采用生物农药、物理防治措施，培养病虫害天敌，进行生态管理，做到茶农不使用化学农药。

由于立夏茶的品质原因，福鼎白茶的初制加工基本停止，大部分茶企针对春分、清明、谷雨时间生产的白茶进行养茶阶段。许多有经验的茶人一般把茶叶存储至大暑时令再进行精制加工，复焙为成品茶再包装销售。

初制加工的忙碌时光过后，大部分茶企开始进行紧压白茶。压制白茶一般用往年生产的茶叶，有的茶企一定要存储3年以上的老白茶进行压制。

三、适饮的福鼎白茶

立夏后五行转为火，五脏属心，阳气太过容易阴虚火旺，口舌干燥、焦虑、头痛、头懵等，阳气向上向外发散，是阳气最盛的时节。适饮陈1年的白毫银针。白毫银针性寒凉，阳气盛时，可用阴茶平衡之，白毫银针解暑降温、清心、祛心火。

经常喝白茶的人，很少中暑，在夏季来临前喝白茶，就属于"防未病"。白茶中含有多种氨基酸，具有退热、祛暑、解毒的功效。白毫银针抗辐射能力极强，夏天太阳光紫外线强，女性都怕被晒黑，可以多喝白茶；白茶中含有大量的具抗氧化作用的微量元素，如锌、锰、铜（SOD 的构成元素）和硒（GSHPX 的构成元素）等，具有美白肌肤的作用；而且白茶中的儿茶素、茶黄素、茶氨酸和茶多糖和较多的复杂类黄酮等具有清除自由基的功能，具有抗氧化、延缓细胞衰老的作用，所以白茶非常适合年轻爱美的女性品饮。

四、白茶食谱

立夏标志着夏天的开始，所以饮食宜清淡为主，可多吃一些清心降火的食物；为防心火过盛，要少吃辛辣之品。赤小豆、薏米、绿豆、冬瓜、丝瓜、黄瓜、黄花菜、芹菜、藕、胡萝卜、番茄、西瓜等食物都有利清心泻火、淡渗利湿的作用，常吃可防止此时火热太盛。

本月宜选用 1 ~ 3 年的新茶、茶青（鲜冻）。

立夏菜式：藕遇茶香

主料：莲藕、墨鱼胶。

辅料：白茶青、黑蒜、红圆椒片、广芥花刀。

调料：XO 酱、白糖、味精、白胡椒粉、老酒、鲜味酱油、葱段、姜片等。

立夏菜式：藕遇茶香（张时慧　作）

制作方法：将莲藕去皮去头尾，用刀切成片状，抹匀生粉，用墨鱼胶（经过杀青处理后的茶青，剁碎以后放入墨鱼胶里面，搅匀）逐一抹匀莲藕片备用；将广芥花刀和红圆椒片放入沸水锅内焯水后，捞起备用；平底锅置火上，倒入大豆油烧热，下入抹匀的莲藕片煎至两面呈金黄色，取出备用；锅留底油，下入姜片、葱段煸香，倒入煎好的藕片、广芥花刀、红圆椒片、黑蒜、XO 酱及上述调料大火翻炒均匀，起锅装盘即可。

成菜特点：鲜香爽脆、茶气清幽、营养丰富。

五、逛茶企，品佳茗

福建省白天鹅茶业有限公司是一家集白茶种植、生产、加工、科研、营销，茶文化推广为一体的农业产业化省级重点龙头企业。白天鹅茶业拥有自主生态茶园 8000 多亩，位于福鼎核心产区白琳镇柴头山，大自然赋予的条件可谓得天独厚，独特的高山砾壤孕育，山岚云雾滋润，有利于白茶内含物质的合成与积累。红土烂石及深腐殖层与柴头山独有小气候，造就独具风韵的品质白茶。因地不同，取其精华，只有白茶之乡的肺腑，方能成就高山白茶的蜜韵。

白天鹅茶业制作白茶工艺主要采用低温炭焙，文火足干。传统炭焙工艺极为耗时耗力，也十分考验制茶师傅的工艺水准，无法运用于大规模的生产中，只有量少而精的高级原料才能运用手工炭焙；低温炭焙使白茶茶性由凉转温，茶性更平衡柔和，内含物质转化更加饱满。文火足干减少了茶青味，奠定了白茶的品质滋味，增加了鲜醇柔美。

白天鹅茶业将茶视作生命的爱物，茶人的傲骨，用时间与信念，沉淀出纯真的魅力，让每一杯茶，如珍珠光泽，优雅纯净，如钻石锋芒，淬炼生香。我们希望来自世界白茶之源的稀美好茶，能像白天鹅一样，引颈高歌、展翅飞翔！

第八章

小满

春满茶山（席国胜　摄）

小满

林月儿

雨后晴熏催豆熟，

暑温渐觉白茶香。

灵芽几叶壶中入，

泉水烹来兴味长。

一、小满节气

1. 释义

每年公历 5 月 20 日或 21 日，农历一般在四月，太阳到达黄经 60°开始。

《淮南子·天文训》："加十五日指巳，则小满，音比太簇。"增加十五日北斗斗柄指向巳位，那么便是小满，其音与十二律中的太簇相当。

李光地《御定月令辑要》："《孝经纬》：斗指巳为小满。小满者，言物于此小得盈满也。《懒真子录》：小满四月中，谓麦之气至此方小满，而未熟也。"小满时节阴衰阳发，因此万物簇地而生。小满，也是反映物候的节气，北方麦类等夏熟作物籽粒已开始饱满，但还没有成熟，约相当乳熟后期，所以叫做"小满"。小满时节天气由暖变热，降水增多，往往会出现大范围的强降水，此时，河水上涨，江河小满。

小满时，天地中阳气已经充实。正常人此时身体内的气血也会是个小满状态；阳气将满未满，最是欣欣向荣。

2. 气候

随着小满时节的到来，福鼎降水进一步增多，主要的天气特点就是高温高湿多雨。福鼎地属我国的东南方，暖湿气流活跃，与从北方南下的冷空气相交，往往会出现持续大范围的强降水，造成暴雨或特大暴雨，正如民谚云："小满，江河渐满。"如果这个阶段雨水偏少，可能是太平洋的副热带高压势力较弱，位置偏南了。

白茶体验（李步登 摄）

茗洋新绿（刘学斌 摄）

小满期间，福鼎市平均气温 22.8 ℃，平均降水 100.3 毫米，平均日照 62.2 小时。此时冷暖交汇频繁，应特别警惕连续性降水或强对流天气对茶树生长的不利影响。如 2019 年 5 月 16 日夜里到 22 日福鼎市出现连续性降水过程，各乡镇累计雨量均在 210 毫米以上。

3. 民俗

2019 年 11 月 27 日第 74 届联合国大会宣布设立国际茶日，时间为每年 5 月 21 日，以赞美茶叶对经济、社会和文化的价值，是以中国为主的产茶国家首次成功推动设立的农业领域国际性节日。

2020 年 5 月 20 日，福鼎市茶业协会举办"天使请喝茶"活动，为在抗疫一线的医务人员赠茶，并设立"天使茶屋"让全国的医务人员喝到福鼎白茶。5 月 21 日，国际茶日主题活动在福鼎市鼎文化公园举办，开展了以"茶兴人兴百业兴"为主题的国际茶日福建省主会场专场活动，福鼎市茶文化研究会发行首个"国际茶日"纪念茶。

2021 年国际茶日，太姥山名胜风景区管委会、福鼎市茶文化研究会举办"爱在太姥·茶香福鼎"主题活动，其中包括 5·19 中国旅游日、5·20 网络情人节、5·21 国际茶日系列活动。

2022 年 5 月 21 日国际茶日，福鼎市茶文化研究会举办"福鼎白茶宴制作"献礼国际茶日主题读书会活动。

4. 物候

黄道周《月令明义》："苦菜秀，靡草死，麦秋至。"苦菜野菜名，中医称其为败酱草，嫩茎叶可食，具有清热解毒、杀菌消炎、防治贫血、消暑保健之功效。靡草死指荠菜之类完成生命周期而枯萎。麦秋至指小麦收获季节到来了。

福鼎候应：栀子花开，土虾当令，玻璃菜甘甜。

经福鼎市第十七届人大常委会第十五次会议听取和审议了《福鼎市人民政府关于提请审议命名"市树、市花"的议案》，栀子花被确定为市花。栀子花是福鼎当地的经济作物黄栀子开的花，黄栀子果实可入药、榨油、提取天然色素等；花可以食用，现已经有栀子花白茶产品在市场流通。

土虾是福鼎人专用名称，其学名叫长毛对虾。土虾在自然海区，幼虾常喜欢聚集于浅水内湾及河口附近觅食。随着幼虾迅速发育成长和生理生态上的变化，逐渐离开浅海内湾及河口区域向较深的水域栖息活动。长毛对虾食性很广，食物主要以单细胞藻类为主，如小型硅藻类、甲藻类，以及其他动物幼体和有机碎屑等。随着个体的增长，食物组成也逐步扩大，主要食物为动物性底栖生物。

玻璃菜是福鼎方言，其学名为甘蓝，又称卷心菜。在福鼎，小满季节的卷心菜甘甜可口。

5. 民谚

小满，江河渐满。

注释：小满节气期间往往也是江河湖满。"满"是指雨水之盈，小满时节雨量大，江河小得盈满。

小满不起蒜，留在地里烂。

注释：大蒜的蒜头在小满时节需要拔起晒干，不然就会烂掉。

雨浇小满禾苗壮。

注释：小满下雨，对禾苗庄稼有利。

芋头栽小满，不够掘一碗。

注释：小满节气种植芋头，时令不对，会歉收成。

启蒙（杜海鸣　摄）

二、小满茶事

小满时节，福鼎人俗称"头春茶"已经采摘结束，白茶的采摘暂时停止。小满以后采摘的属夏茶，茶品质较差。福鼎当地历来采制夏茶较少，尤其是认为这个阶段采摘的茶叶制作后，泡出来的茶汤易发酸，加上茶芽进入休眠期，萌发能力弱，茶园进入休茶期，可适当地对茶树进行轻修剪。小满时节适当修剪可以促进茶芽萌发，提高茶产量，在保持树冠上部圆头形以扩大树冠的前提下，应剪去鸡爪枝、过密枝、徒长枝、丛生枝、枯枝、病虫害枝。

茶园科学管理是提高茶叶品质的重要手段。小满前后，茶树与茶园的杂草生长旺盛，需要做好浅耕除草、病虫防治、追肥等。浅耕除草，保持茶园通风透光，浅耕可破坏土壤表层毛细管，减少下层水分蒸发，既可抑制和减少杂草生长，又可疏松表土，重要的是能保持微生物菌群的生长。浅耕后及时追肥。春茶采摘以后，树体营养物质大量消耗，新梢停止生长，而根系生长加强，因此要及时施肥补充树体养分。

茶园病虫防治，贯彻"预防为主、综合防治"方针，禁止使用化学农药，应使用生物农药，以及诱虫板诱杀、人工捕杀、摘除等物理方法，防治害虫。

加强管理，及时排灌，开辟排水沟，避免茶园积水，防止洪涝和水土流失；可用山茅草、稻草、秸秆等进行全园铺草覆盖，对抑制杂草再生、降低土壤温度和水分蒸发，增加土壤有机质等都具有显著作用。

小满后，茶青采摘停止，大部分茶企已经完成了对白茶的初加工，但是白茶精制生产加工依然按正常程序进行。春分、清明、谷雨时节生产的白茶春茶，并不像绿茶销售讲究越早越好，许多资深茶企在长期生产实践中得出一个经验，白茶进行休养后，即养茶后品质更佳。

三、适饮的福鼎白茶

小满时节，正常人身体内的气血也是小满状态。天地中阳气已经充实，阳气将满未满时，人体阳气小满，各种营养过剩，需要膀胱经排泄，因此，小满茶气走足太阳膀胱经。

这个节气适合喝 1 ～ 3 年陈的寿眉。福鼎茶农自古以来把白毫银针、白牡丹这些值钱的茶叶卖给茶商，挣来银两供一家生计，而把茶叶较为粗老的叶片随意晒一下，放在灶台处，灶房因为经常烧火，灶台干燥的环境使茶叶不易变质。

农户家中每天清晨烧完开水，在大茶壶里抓一撮粗老的寿眉茶，冲入开水，待茶汤凉后，供一家人饮用。家里主劳力上山干农活，也是用大茶壶泡茶，挑到田间地头，大口喝茶既解渴，又利于排尿，正是应了有一点年份的寿眉茶气走足太阳膀胱经，利于排泄。

四、白茶食谱

小满菜式：佳茗时蔬拌狮螺

主料：狮子螺 600 克。

辅料：鲜冻白茶青、生菜、球生菜、芝麻菜等。

调料：山茶油、白胡椒粉、芝麻沙拉汁等。

制作方法：将上述辅料（包含福鼎白茶的茶青）放入淡盐水中浸泡 5 分钟，捞出沥干备用；狮子螺煮熟后，挑出螺肉，用刀批

小满菜式：佳茗时蔬拌狮螺（王世强　作）

成薄片，再用 95℃的热水烫一遍，捞出沥干水分放入碗内，调入山茶油、白胡椒粉等调料搅拌均匀，备用；取一个圆盘，将有机时蔬摆入盘内呈半圆状，然后把螺片平铺在其上方，螺壳装盘点缀，上桌时另外附上一盅芝麻沙拉汁，最后将芝麻沙拉汁淋在菜肴上方即可食用。

成菜特点：清新爽口、开胃解腻。

五、逛茶企，选佳茗

福建省董德茶业有限公司是一家集茶叶种植、加工、销售、科研、茶礼订制、茶旅体验、茶文化推广于一体的全产业链综合型白茶企业，为福建省农业产业化省级重点龙头企业，荣获第一批福鼎市非物质文化遗产传习所等荣誉称号。

晒白金（刘学斌　摄）

企业于 2014 年正式创立，先后建成现代化茶叶生产中心和新概念白茶体验馆，老茶储备量达 1000 余吨。

目前，企业在点头镇拥有生态茶园基地 1900 余亩，并在管阳、磻溪、白琳等白茶核心产区建立合作基地，坚持生态种植与科学养护，茶产品从茶园、生产、陈化仓储、成品出厂实现层层管控，并通过 ISO9001 国际质量管理体系认证，确保产品符合国家质量安全卫生标准。

董德始终秉承"董德白茶，懂得健康"的理念，以"打造白茶界的航空母舰"为目标，将家族一百余年传统白茶制作技艺与现代科学制茶理论相融合，建立企业自主茶叶生产加工流程，其"董家白茶制作技艺"被评为第五批福鼎市非物质文化遗产，生产的白茶在各大名茶评比中屡获殊荣。

第九章

芒种

清香四溢（胡南丹　摄）

芒　种

游松柏

睡起乍凭望，江村半夕阳。

藤阴移曲榭，树影度平塘。

落子交枰静，分茶隔院香。

临风一吟咏，不觉隙尘忘。

一、芒种节气

1. 释义

公历每年 6 月 5 日或 6 日，太阳到达黄经 75°时开始。农历一般在五月，农历五月初五就是端午节，芒种节气一般在端午节前后；也有农历在四月份。

《淮南子·天文训》："加十五日指丙，则芒种，音比大吕。"北斗斗柄指向丙位，便是芒种，其音相当于十二律中的大吕。

李光地《御定月令辑要·三礼义宗》："五月芒种为节者，言时可以种有芒之谷，故以芒种为名。"

所谓芒种，是指有芒的作物应收（如小麦、大麦），有芒的种谷当种（如稻、稷）。芒种时节是夏天最忙的时期，既要忙着夏收，又要忙着夏种。

端午小品（曾瑞丰 摄）

芒种节气是种植农作物时机的分界点，由于天气逐渐炎热，农事播种以这一时节为界，过了这一节气，农作物的成活率就越来越低了。芒种是谷类作物耕种的节令，晚稻在这个时节一定要播种。

福鼎虽是丘陵地带，但也有水田，有稻作区，"芒种"是插秧的忙碌时节。

2. 气候

我国的降水主要是由东南季风带来的，东南季风为我国带来海洋的水汽。福鼎处于东南沿海地区，最先得到东南季风带来的水汽，形成丰富的降水，因此芒种成为了福鼎市降水量最多的节气之一，号称雨季。芒种进入主汛期（又

白茶精制加工（刘学斌　摄）

称前汛期，俗称雨季或梅雨季），雨季降雨强度明显增大，汛期的暴雨多发生在这个季节。

芒种的到来，标志着一年仲夏的开始。这一时期福鼎市天气受梅雨季节影响，呈现持续连绵的阴雨和高温高湿的主要特征。芒种期间，全市平均气温 24.4℃，平均降水 121.1 毫米，平均日照 54.0 小时。此时气候复杂多变，不仅高温天气频发，而且伴随持续阴雨，连绵阴雨使空气湿度大，日照时数为夏季各节气最少。如 2017 年芒种期间日照 29.1 小时为历史同期最少，降雨日数 15 天为历史同期最多；2020 年 6 月 13 日至 18 日，连续 6 天日最高气温 ≥ 35.0℃，为历史同时期最长高温连续日数；2021 年 6 月 16 日最高气温 38.9℃，突破中旬历史极值，乡镇以点头镇 39.1℃为最高。高温、高湿、寡日照对进入伏季休茶的茶树养护较为不利。

3. 物候

黄道周撰《月令明义》载："螳螂生，䴗鸟鸣，反舌无声。"古人认为，螳螂在芒种季节孵化而出，这个阶段各种虫已经产生，对农作物会产生很大的影响。䴗鸟指杜鹃，它在不断鸣叫，反舌也是鸟，即百舌鸟，此时反而停止了鸣叫，主要是芒种节气阴阳变化剧烈，鸟的反应也产生不同的变化。

福鼎候应：茉莉花香飘，蛏肥嫩多汁，绿竹笋上市。

上世纪 70 年代，福鼎在重点产茶乡镇的各村都种茉莉花，而且茉莉花是双瓣的，中午时节正是茉莉花采摘时间。国营福鼎茶厂每年都生产茉莉花茶，因为窨花的需要，需要大量的茉莉花，鼓励各村农民广泛种植。如今，茉莉花茶比较少生产，茉莉花零星栽种。芒种时节茉莉花正花开香飘。

《福鼎县志》："蛏，《闽小记》：'闽人培水田种蛏，盗者泄水，则蛏苗随之溢。'"蛏是内海滩涂的产物，福鼎内海湾蜿蜒，内海中滩涂蛏为大宗产品，有野放生长，有围塘人工养殖，芒种后一直到秋分的蛏最甜美多汁。

绿竹笋，方言"六月麻笋"。福鼎的笋大致有30多种，其中六月麻笋广受福鼎当地人的喜爱；上市时，以尝新、尝鲜为乐。

4. 民俗

端午节在芒种前后，是我国传统的节日，其以农历设定，每年五月初五过节。端午节，又叫端阳，福鼎方言称"过月折"。

清《福鼎县志》："端午节，门悬蒲艾，裹角黍，祀先，遗所亲。饮菖蒲雄黄酒，并洒房室。小儿配雄黄囊，以末涂耳鼻，云辟百毒；用五色线系臂为续命缕，至七夕始解弃之。傍午，采蓄药物，为午时草。数日内，尤尚龙舟竞渡。"这些习俗从清代文献记载一直流传至今。

端午节，家家户户挂艾叶与菖蒲。艾叶与菖蒲驱蚊驱毒，可以杀菌消毒，预防瘟疫流行。

角黍就是粽子，当地裹粽子包叶有两种，一种是淡竹叶包小粽子，一种是毛竹脱落的箬叶，可以包大小不同、形状各异的粽子。粽子煮熟后，祭祀先人，有的送亲戚。头年粽就是女儿出嫁后第二年端午节，一定要从娘家送粽子给夫家，由夫家再赠送给亲朋好友。

喷洒雄黄酒，古人认为可以克制蛇、蝎等百虫。

福鼎水域宽广，内海湾绵绵不绝，溪流众多。传统赛龙舟以点头、沙埕、福鼎城区江海为主要赛点。

5. 民谚

未食五月粽，破被破褥不能送。

注释：端午节后始无寒气，天气越来越热。

芒种芒种忙忙种，芒种一过白白种。

注释：芒种节气种稻，割麦，忙于农事，芒种后不适合播种。

芒种不种，再种无用。

注释：芒种节气一过，作物不能生长。

芒种火烧天，夏至雨绵绵。

注释：芒种当天晴热天气，夏至开始就会一直下雨。

四月芒种麦割完，五月芒种麦开镰。

注释：芒种在农历四月，小麦早收成，如果在五月份，比较迟收割。

二、芒种茶事

芒种节气随着气温升高，万物生长旺盛，植物细胞分裂速度加快，茶树与茶园内杂草疯长。防治杂草，最佳的办法是除草，把杂草刈割形成茶园绿肥，供应茶树生长必需的营养成分。

福鼎的茶农总结出经验，这个阶段的茶叶嫩梢制作白茶品质不佳，因此会进行留养，形成主干枝条与生长叶。叶片不断进行光合作用，产生营养物质，源源不断运送到根部，为秋茶或来年春茶积蓄养分。

在芒种节气里最重要的是进行病虫害防治。时刻关注茶园虫口密度，这个阶段主要是小绿叶蝉与茶丽纹象甲危害。

一般芒种时期的茶叶叫"二春茶"，以前较少进行初加工白茶，随着白茶的走俏，一些茶企会初制加工寿眉类茶叶。大部分茶企一般在芒种时期进行白茶精制加工，保证茶企生产正常运营。

三、适饮的福鼎白茶

芒种时节，气温显著升高、雨量充沛、空气湿度大，一年中的阳中之阳，端阳时节，阳气最为鼎盛。

根据李辉教授的研究，芒种时茶气依然走足太阳膀胱经，芒种时节适饮的白茶为金花白茶。金花白茶一般是以寿眉或白牡丹等陈年白茶为原料，在白茶传统生产工艺上引入金花。

金花白茶，即冠突散囊菌白茶。冠突散囊菌属益生菌，是在特定温湿度条件下，在茶叶中通过创新"发花"工艺长成的自然益生菌体，能有效抑制其他有害菌的滋生。"发花"后白牡丹中必需氨基酸占非必需氨基酸的总量从 36.10% 上

白茶书苑（周兆瑞　摄）

升到 39.84%,寿眉必需氨基酸占非必需氨基酸的总量从 42.16% 上升到 62.61%,因此金花白茶的回甘度高。

同样的道理，饮用金花白茶有利于泌尿系统的排泄。根据经常品饮者的反馈，喝金花白茶容易产生饥饿感，有利于减肥降脂。

芒种时节，同样适合品饮寿眉类茶叶，利于排泄。

四、白茶食谱

芒种菜式：春茶鲜贝煎

主料：扇贝带子肉 250 克。

辅料：鲜冻白茶青 25 克、球生菜、可比克薯片、胡萝卜粒、姜末、葱末等。

调料：白糖、鸡精、蚝油、白胡椒粉、管阳地瓜粉、好乐门香甜沙拉酱等。

制作方法：将球生菜用牙剪

芒种菜式：春茶鲜贝煎（王世强　作）

修剪成圆片状，放入淡盐水中浸泡 5 分钟，捞出备用；鲜冻白茶青经过沸水杀青处理，过冷水后挤干水分，用刀切碎备用；取一个小盆，分别放入扇贝带子肉、茶青碎、胡萝卜粒、葱末、姜末，调入白糖、鸡精、蚝油、白胡椒粉和管阳地瓜粉拌匀；平底不粘锅置火上，倒入大豆油烧热，用汤匙将调味后的扇贝带子逐一放入不粘锅内煎至两面呈牙黄色，取出备用；先取一片球生菜片＋可比克薯片＋鲜贝煎，用裱花袋挤上香甜沙拉酱于菜肴上方，逐一做好后摆盘即可。

成菜特点：鲜香可口、多重质感、营养丰富。

五、逛茶企，选佳茗

福建省福鼎市名山茶叶有限公司成立于 1996 年，系福鼎市人民政府批准承接原国营福建福鼎茶厂（沿革承接于 1950 年由中茶公司福建省分公司组建）改制的民营股份制公司，是一家集茶叶种植、生产、科研、仓储、营销和文化传播为一体的现代化茶业企业，建立有现代化茶叶清洁化生产工厂、数字化白茶陈化仓储中心、标准化有机茶园基地、林飞应评茶师技能大师工作室、福鼎白茶制作技艺非遗文化体验馆和中国白茶研究院金花白茶加工研究所等。公司获评农业产业化省级重点龙头企业、福建省科技型企业等，产品多次获得国家、省部级评选金银奖，在茶王赛、民间斗茶赛上屡获殊荣。

2013 年底，林飞应率领团队在福鼎白茶制作技艺基础上通过创新融合研发出全新福鼎白茶产品——金花白茶，进一步丰富福鼎白茶的产品线。金花白茶含有茶中软黄金——冠突散囊菌（俗称"金花"），白茶和金花的结合让福鼎白茶锦上添花，茶叶口感顺滑醇厚香气浓郁，全面提升茶叶品质。

"好茶藏名山，名山出好茶"。公司延承福鼎百年茶文化，继承国营茶厂精湛的制茶工艺，秉持"用心做好茶，健康献万家"的制茶理念，发扬"传承、开拓、创新、发展"的企业精神，生产优质的茶叶产品。

第十章

夏至

白茶传统技艺之炭焙（福鼎市茶文化研究会　供）

夏　至

王亦鸣

宵短昼长枯坐时，
连天梅雨涨莲池。
悟来茶道同禅道，
一盏随缘开智思。

一、夏至节气

1. 释义

每年公历 6 月 21 日或 22 日，基本在 6 月 21 日，农历在五月份。太阳到达黄经 90°时开始。《易经》中姤卦代表着农历五月，五月姤卦阴气始生。

《淮南子·天文训》："加十五日指午，则阳气极，故曰有四十六日而夏至，音比黄钟。"增加十五日北斗斗柄指向午，那么阳气达到极点，因此说有四十六天而夏至，其音与十二律中的黄钟相应。

李光地《御定月令辑要》："《三礼义宗》夏至为五月中。'至'有三义：一以明阳期之至极，二以明阴之气始至，三以明日行之北至，故谓之'至'。"夏至这天，阳气达到极致后，阴气始生，阴阳相济，各种各样的事物开始孕育成果。

夏至，是二十四节气中最早被确定的节气，和冬至一样，都是反映四季更迭的节气。太阳光直射北半球的位置到达一年中的最北端（北回归线），所以这天也是北半球一年中白昼最长的一天。

2. 气候

夏至过后，炎热逐渐占领天气的主场，一年中最热的三伏天就要到来。高温、高湿、多雷阵雨是夏至天气的特点。夏至期间，福鼎市平均气温 26.7 ℃，平均降水 152.6 毫米，平均日照 66.9 小时。受副热带高压影响，福鼎市常有连续多日的高温天气，如

擂鼓庆贺开茶节（马英毅　摄）

2015 年 6 月 25 日至 30 日，连续 6 天日最高气温 ≥ 35.0℃；2016 年 6 月 21 日至 24 日，连续 4 天日最高气温 ≥ 35.0℃。从近 30 年降雨量统计数据，平均降雨量最多的节气是夏至。高温天气，茶园蒸散量大，但期间台风暴雨天气过程带来的充沛降雨，有利于调节茶树体温，降低高温烈日下叶片温度，避免晒伤，水分还运输了大量茶树生长所需的营养物质，有利于茶树生长。

3. 物候

黄道周《月令明义》："麋角解，蜩始鸣，半夏生。"麋即鹿也，鹿角脱落；蜩即蝉，蝉开始鸣叫；半夏是一种喜阴的药草，因在仲夏的沼泽地或水田中出生所以得名。由此可见，在炎热的仲夏，一些喜阴的生物开始出现，而阳性的生物却开始衰退了。

福鼎候应：紫薇花开，海蜈蚣当令，杨梅熟透。

清版《福鼎县志·物产》："紫薇，《府志》：'又名百日花。'"可见，紫薇花在福鼎种植历史悠久，开花时正当夏秋少花季节，从 6 月开到 9 月，花期长，故有"百日花"之称。

海蜈蚣是福鼎的方言，许多人认为海蜈蚣就是沙蚕，这是误解，它与沙蚕同科、同属的动物。沙蚕长度只有 10 多厘米，海蜈蚣长度 1~2 米，在内海滩涂中生活。

据福鼎县志记载，杨梅在福鼎有红、白 2 种，如今白色杨梅几乎绝迹；当地引种东魁杨梅，果大、酸甜可口，成熟期基本一致。

4. 民俗

这个节气比较特殊，白天最长，夜最短。清代之前，要过夏至节，与元旦、清明、冬至一样，是全国的节日，放假一天。

夏至秤人的习俗已经基本退出历史舞台。在福鼎据老一辈人说，为了期望小孩子在夏季个头长大，体重增加，同时保护儿童不生病、平安，用杆秤秤人体重，小孩装进箩筐里，由两人抬起，老人打秤砣看斤两。上世纪有了磅秤，这种传统民俗不再沿袭。

自清代以来，磻溪黄岗村保留着一些茶节日，正月卜茶节，夏至期间就举办斗茶节，这个习俗一直延续到新中国成立后，民间不能销售经营茶叶，这个民俗消失。近年来，黄岗村民恢复斗茶习俗。

夏至当天南北方人都要吃面食。我国有"冬至饺子夏至面"的说法，夏至吃面是很多地区的重要习俗，夏至新麦已经登场，所以夏至吃面也有尝新的意思。太姥山镇保留着吃夏至饼的习俗。

5.民谚

夏雨隔田坎。

注释：夏天下雨经常不过田埂，东边有雨西边晴。

端午夏至连，高山好种田。

注释：端午节，农历五月初五与夏至相连的话，在高山上种水稻会丰收。

夏至前后雹子多。

注释：夏至时节强对流天气多，造成冰雹经常出现。

六月的雷公先唱歌，有雨也不多。

注释：农历六月响雷后下雨，降雨量不高。

二、夏至茶事

茶园杂草会与茶树争肥料，因此防治杂草是茶园很重要的农事，把茶园中的草管好能收到事半功倍的效果。在茶园中播撒绿肥种子，如紫云英、苕子等豆科植物，任其生长，一定阶段后刈割成为绿肥，增强土壤肥力。茶园间种套种大豆类，大豆根瘤菌固氮能力极强，

播撒有机肥（福鼎市茶文化研究会　供）

茶园可以不施氮肥，也能使茶叶长势良好。

小绿叶蝉如果达到虫口数量每百叶 6 只的测报数据，可以用生物制剂除虫菊素、茶皂素、苦参碱、印楝素等防治。

茶企可以进行精制加工白茶。把春季生产的毛茶经过一段时间的休养，根据茶叶外形、色泽、香气等因子，茶企设立白茶生产标准，针对消费者的需求，决定是否进行精制加工。

白茶按照嫩度分白毫银针、白牡丹、贡眉、寿眉。白毫银针、白牡丹、贡眉属于白茶中高档茶，嫩度较好，精制工序相似；寿眉的工序有不同。

白毫银针、白牡丹、贡眉的精制工序为：毛茶→捡剔→风选→匀堆→提香→装箱→成品。

寿眉的精制工序为：毛茶→色选→平圆→风选→静电→人工捡剔→提香→装箱→成品。

三、适饮的福鼎白茶

当年生产的白毫银针最适品饮。夏至阳气至极，夏至后气温有时可达 35℃上下，闷热，汗湿，也是人体阳气最旺的时候，养阴最为重要。中医养生强调夏至节气要注意滋阴养神、清热解毒、解热防暑利湿，夏至节气正是排出体内寒湿的好时节，当年生产的白毫银针白茶性寒凉，属阴茶，能平衡阳气。夏天，白毫银针还可以冷水泡着喝，在矿泉水瓶里加入 2～3 克的白毫银针，浸泡几个小时，茶汤色微杏黄色，其滋味还会变得更加甜润。

夏天，肥胖的人更适合喝白茶，白茶中的咖啡碱、维生素、氨基酸、磷脂等有助于人体消化，对抑制腹部脂肪的增加有明显的效果。茶中富含的维生素 B_1，是能将脂肪充分燃烧并转化为热能的必要物质，从而起到了防止脂肪堆积的作用。

白茶能迅速消暑散热，有消食去腻、清理肠道的功效，夏天肠胃负担重，易便秘，喝白茶对保持肠胃畅通很有益，因此白茶又被誉为"体内的清道夫"。

四、白茶食谱

夏至菜式：银针氽敲虾

主料：对虾 250 克 /10 条。

辅料：白毫银针 10 克、高山娃娃菜心。

调料：上等鸡汤、精盐、家乐薄盐鲜鸡精、生粉等。

制作方法：将九节虾去头去壳留尾一节，用刀批开虾背，洗净后用干毛巾吸干水分，沾匀生粉，然后用木槌敲打虾肉呈扁平状，再逐一将敲虾片放入沸水锅内煮熟，捞出沥干备用；高山娃娃菜心焯水备用；将白毫银针放在茶碗内用 90℃ 的热水冲洗一遍（约 6 秒钟），倒去茶水用纱布将茶叶包起来，然后放入预先吊好的 1250 克上等鸡汤内，焖泡至色呈浅杏黄、滋味鲜爽、毫香蜜韵时（4 ～ 5 分钟），取出茶包并下入精盐和家乐薄盐鲜鸡精，调好口味保温备用；取一个带加热的即位小碗，分别将敲虾与预先焯水好的高山娃娃菜心逐一放入汤碗内，最后将烧热的银针茶鸡汤徐徐氽入汤碗内即可。

夏至菜式：银针氽敲虾（林坤庸 作）

成菜特点：色呈浅杏黄、汤鲜味醇、毫香蜜韵、质地爽脆，具有健胃提神、祛湿退热、三抗三降的美食养生功效。此道菜肴被宁德市商务局列入"特色文旅宁德宴"十大名菜之一。

五、逛茶企，选佳茗

福建顺茗道茶业公司成立于2014年，是一家集茶叶种植、生产加工、研发销售为一体的福建省农业产业化省级重点龙头企业。公司基地位于福鼎市点头镇后井村，平均海拔500~800米，常年云雾缭绕，是福鼎白茶黄金带核心产区。茶园周边岩石分布广泛，砾壤土层肥厚，天然成就"后井岩韵"白茶原香。

公司立足"做厚道人、制放心茶"的制茶理念，确保生产出的每一款茶都是放心好茶。公司自主研发了全自动制茶设备，并配套建设食药级无尘生产车间、标准化仓储等设施，目前已取得21个实用新型专利。

2019~2021年，公司连续三年荣获中国茶业百强企业称号，"不忘初心"茶礼入驻上海世博会博物馆，"白茶味道"产品入驻中国茶叶博物馆，作为永久馆藏产品，顺茗道白茶制作技艺被认定为福鼎市非物质文化遗产项目。

统防统治（福鼎市茶文化研究会　供）

公司始终秉承"传统、正味、健康、和谐"的发展理念，恪守"传承古法技艺、专注地道好茶、守护自然生态、奉行和合之道"的工匠精神，生产的产品得到广大消费者的认可。公司以"百年圆梦"为契机，学党史、担使命，将企业发展和乡村振兴相融合，推动企业发展壮大、村民就业增收、乡村生态和谐，促进经济效益、社会效益双丰收。

第十一章

小暑

茶壶品香（潘光生　摄）

小暑山中品茶

刘祥群

野店烹茶小暑天，
凉风笑语满厅前。
而今始悟山中好，
更喜偷闲一日仙。

一、小暑节气

1. 释义

公历每年 7 月 6 日或 7 日，农历一般在六月，少数在五月。太阳到达黄经 105°开始为小暑。

《淮南子·天文训》："加十五日指丁，则小暑，音比大吕。"增加十五日北斗斗柄指向丁位，那么就是小暑了，其音与十二律中的大吕相当。

《月令七十二候集解》："小暑，六月节。《说文》曰：'暑，热也。'就热之中分为大小，月初为小，月中为大，今则热气犹小也。"

《易经》中遁卦为 12 个消息卦，就节气而言，正是农历六月，看起来天气热，实际上阳气已经达到极致，开始慢慢消退，阴气渐渐生长，阳消阴长。

小暑天气开始炎热，但还没到最热；小暑虽不是一年中最炎热的时节，但紧接着就是一年中最热的节气大暑，开始进入伏天，天气变化无常。所谓"热在三伏"，三伏天通常出现在小暑与处暑之间，是一年中气温最高且又潮湿、闷热的时段。

南广晨曲（陈强 摄）

2. 气候

长江中下游地区的梅雨即将结束，福鼎市盛夏开始，气温升高，天气炎热，进入伏旱期。福鼎市极端最高气温 40.6℃，出现在 1989 年 7 月 20 日，正是小暑节气。小暑时节，影响全市的热带气旋（俗称台风）开始增多。降水主要是由东南季风带来海洋的水汽而形成。小暑期间，全市平均气温 28.5℃，平均降水 87.2 毫米，平均日照 102.3 小时。管阳、磻溪、白琳等乡镇，在小暑节气的午后常发生大风、雷暴、冰雹等强对流天气，雹灾会导致茶树嫩梢打断、叶子打破、茶叶减产。如 2012 年 7 月 8 日，福鼎市管阳镇元潭村发生冰雹强对流天气，冰雹直径达 3 ～ 4 厘米；2020 年 7 月 16 日，磻溪镇和白琳镇出现冰雹，冰雹直径达 2 ～ 4 厘米。

茶饼加工（吴维泉　摄）

3. 民俗

小暑节气一般在农历六月。在福鼎民间，六月初六是"晒土地公银"日子，古人认为在这一天，把家中需要晒的东西如被褥、值钱的东西，拿出来放在太阳光下晒，利于保存。

太姥山麓里一些僧人秘传制作白毫银针不需要经过炭火烘焙，在六月初六这天，一定要把白茶放在太阳光下晒，利于保存与发挥其功效。从福鼎市气象局30年日照统计数据来看，小暑平均日照时数全年最高。太阳光紫外线辐射有利于散发物件中的水分，清除霉菌，在古代人们一直有这种认识，逐渐形成一种特有习俗。

4. 物候

黄道周《月令明义》："温风至，蟋蟀居壁，鹰乃学习。"温风至即暖风、热风或者是炎风到了；蟋蟀羽翼还没有形成，不能远飞，在屋内墙壁避暑；幼鹰开始学习飞行、成长。

福鼎候应：百合花幽香，乌头蛤好吃，丝瓜上市。

清版《福鼎县志》有载百合花，它是福鼎当地古老品种，生长在山坡草丛中、疏林下、山沟旁、地边或村旁，其球状鳞茎含丰富淀粉，是一种名贵食品，亦作药用，有润肺止咳、清热、安神和利尿等功效。

乌头蛤是福鼎方言，其学名贻贝，又名淡菜。《福鼎县志》："*淡菜，俗名乌头，亦曰壳菜，生海滩中。*"福鼎台山岛有大量野生贻贝，民国时期把淡菜晒干，称之"蝴蝶干"，是滋补佳品。福鼎靠海，人工养殖淡菜者众多。

丝瓜方言叫罗瓜，小暑开始上市，时间较长。《福鼎县志》："*《福州府志》：一名天罗，以瓜老则筋丝罗织，故名。*"丝瓜中的"八棱丝瓜"可延到秋分时节。

5. 民谚

小暑一声雷，倒转做黄梅。

注释：小暑当天响雷，黄梅雨的季节到来。

机械除草（朱乃章 摄）

小暑热，果豆结；小暑不热，五谷不结。

注释：小暑天气温度高，瓜果豆长势良好；气温不高，粮食减产。

小暑起燥风，日夜好天空。

注释：小暑刮起风燥热，天空晴朗，天气良好。

空心雷，不过午时雨。

注释：早晨一阵雷响，中午前一定有雨。

六月初一，一雷压九飚。

注释：农历六月初一日，如有雷鸣，年中则少有台风。

六月十九，无风水也哮。

注释：农历六月十九日必定有风，否则必有雨。

小暑大暑，灌死老鼠。

注释：大暑、小暑时节，雨量大，大到可以灌满老鼠洞。

二、小暑茶事

小暑时节，杂草疯长。防治杂草，最佳办法是以草治草原则，在茶园空地种植苕子、紫云英等豆科植物，使杂草无从生长。如果没主动种植草类，可利用作物秸秆、山草、绿肥等材料覆盖茶园行间土壤，减少水分蒸发，保持土壤湿度。在茶行间空隙地均匀铺草，以铺草后不见土为原则，铺草厚度为8~10厘米，草料以生绿肥、生豆科作物的全株为好，做好茶园覆盖、遮阴。

茶园应采用扦插有色粘虫板、安装杀虫灯和性信息素诱捕器等物理方法，利用生物农药苦参碱、茶皂素、苏云金杆菌等防治茶叶害虫灰茶尺蠖、小绿叶蝉、黑刺粉虱及茶橙瘿螨。

因树制宜，分类合理采摘。更新茶园及幼龄茶园以留养为主，分批打顶采；有机茶园宜及时嫩采，分批留叶采，杜绝"老嫩一把采"。

小暑季节茶园清沟排涝，遇暴雨时，及时疏通茶园沟渠，排水降渍，做到排

木偶泡茶（耿丽　摄）

深水，排彻底，防止水淹、土壤冲刷或根系外漏现象发生。

　　春季生产的毛茶经过几个月的修养，内含物发生变化，可以通过精制程序，加工成福鼎白茶。精制过程的最后一道工序就是茶叶包装，白茶包装是一个非常重要的工序，选择密封性能良好的包装物十分关键，因为福鼎白茶是可以长期储存的茶类。

三、适游的茶旅线

　　中国十大美岛之一——嵛山岛，是来福鼎必游的线路。推荐：福鼎—渔井村—嵛山岛—瑞云—石兰—牛郎岗茶旅线。

　　渔井是通往嵛山岛的必经之路，渔井村海边的海蚀地貌、栈道，是夏季旅游线路，品尝当地海鲜，渔井的民宿适合游客住宿、休闲。游客可选择傍晚十分到渔井，住民宿，吃海鲜。

　　第二天从渔井码头上船横渡，登上嵛山岛。嵛山岛地处福鼎市东南海域，由大嵛山、小嵛山、鸳鸯岛等大小 11 个岛屿组成，统称福瑶列岛，风光奇特秀美，先后获评"中国最美的十大海岛""国家海洋公园""清华大学学生社会实践基地"等称号。

　　嵛山岛的主要路线：天湖景区—芳茗有机茶园—洋鼓尾军事遗址—桃花谷房车露营地—清华大学乡村振兴工作站—东角乡村振兴大礼堂—月亮湾—阳光鼓—大使澳。天湖景区三个天然淡水湖与湖边几百亩有机生态茶园，让您领略南国草原、湖泊、大海、茶园。

　　下午乘船返回渔井村，到硖门乡瑞云村，逛千年古刹瑞云寺，感受瑞云村的畲族风情与四月初八牛歇节，再游玩几百年历史的石兰古村落，与千年榕抱樟古树亲密接触，再到牛郎岗沙滩亲水游，炎炎夏日，暑气尽消。

四、适饮的福鼎白茶

　　适合品饮的茶是福鼎栀子花白茶。明朝钱椿年《茶录》："木樨、茉莉、玫瑰、

北

洋鼓尾军事遗址

桃花谷房车露营地

阳光鼓

东角乡村振兴大礼堂

月亮湾

大使澳

芳茗有机茶园

渔井村码头

石兰古村

瑞云寺

牛郎岗海滨浴场

福鼎

➤ 上午福鼎出发

◆ 渔井村码头（41公里）

◆ 乘船到嵛山岛

嵛山岛，由大嵛山、小嵛山、鸳鸯岛等大小11个岛屿组成，
统称福瑶列岛，风光奇特秀美。

◆ 天湖景区

天湖景区三个天然淡水湖与湖边几百亩茶园，
让您领略南国草原、湖泊、大海、茶园。
夜宿嵛山岛民宿，次日观日出。

◆ 芳茗茶叶展示馆

◆ 洋鼓尾军事遗址

◆ 桃花谷房车露营地

◆ 东角乡村振兴大礼堂（清华大学乡村振兴工作站）

◆ 月亮湾

◆ 阳光鼓

◆ 大使澳

➤ 下午

◆ 返回渔井村到硖门畲族乡

千年古刹瑞云寺，感受瑞云村的畲族风情与四月初八牛歌节。

◆ 石兰古村落（千年榕抱樟古树）

◆ 牛郎岗海滨浴场

温馨提示：
时令海鲜众多，虽遇禁渔期，
但软体动物螺类时令，养殖鱼类众多。
下午沿海线可游小白鹭沙滩，
大白鹭沙滩、王谷沙滩、敏灶湾、黄岐线。

小暑

蔷薇、兰蕙、橘花、栀子、木香、梅花，皆可作茶。诸花开时，摘其半含半放蕊之香气全者，量其茶叶多少，摘花为茶。"钱椿年认为栀子花与茉莉花一样可用来窨制茶叶。

福鼎栀子花白茶选用福鼎白茶为基本原料，加入适量福鼎栀子花通过拼和、窨制、拣剔或蒸压、烘焙等特殊加工工艺制作而成，具有特定品质特征。

栀子花白茶分为窨制型和紧压型两种，根据白茶品种不同分紧压白毫银针、紧压白牡丹、紧压贡眉、紧压寿眉等。

栀子花白茶分有含花干和无花干两种，含花紧压型产品保质期 36 个月；不含花窨制型、紧压型产品在清凉、干燥、无异味条件下可长期保存。

中医认为栀子花具有清热凉血、化痰止咳、宽肠通便作用，与白茶进行结合加工，产生更好的饮用效果。栀子花中含有丰富的三萜成分，还含有碳水化合物、蛋白质、粗纤维及多种维生素，白茶含茶多酚、茶氨酸、咖啡碱、茶多糖，窨制成栀子花茶适合夏季饮用。

五、白茶食谱

小暑菜式：佳茗茭白狮子头

主料：五花肉 400 克。

辅料：5 年陈以上白牡丹 10 克、茭白丁、鸡蛋清、白菜叶、高山娃娃菜心、枸杞等。

调料：精盐、生粉、矿泉水等。

制作方法：将五花肉切成细丁状，再用刀背略剁，加入精盐、味精、鸡精、葱姜水和生粉用手搅打至黏稠状，然后加入茭白丁搅匀备用。

取一个大砂锅置火上，倒入矿泉水大火烧至 90℃左右，用手将肉蓉挤成一个圆球状放入锅内，逐一做好后先用大火烧开，调入精盐和鸡精，去除浮沫，盖上一层白菜叶，加盖转小火慢炖 2.5 小时至肉质软烂且不变形；把醒茶过的白牡丹装入煲汤袋中扎紧袋口，放入汤锅内加盖焖泡 3 ～ 4 分钟至汤色呈杏黄色、茶

小暑菜式：佳茗茭白狮子头（林坤庸　作）

味渗出融合一体时，捞出狮子头逐一盛入即位的汤盅内，再用纱布过滤一遍，使茶汤更为透亮，最后将茶汤注入汤盅内，辅以烫熟的高山娃娃菜心和枸杞点缀即可。

菜品特点：肉质鲜嫩，天香兰韵。

六、逛茶企，选佳茗

　　福鼎市品茗香茶业有限公司（畲依茗）是一家集茶叶种植、生产、研发、加工、销售为一体的企业。畲依茗企业厂房就在硖门畲族乡畲族村——瑞云村。其产品富含畲乡气息。企业 2012 年获得 QS 许可，同年获福鼎白茶证明商标和地理标志的授权使用；2015 年荣获"福鼎市龙头企业"；2017 年荣获"宁德市龙头企业"；2021 年通过 ISO9001 质量体系认证，同年荣获"福建省龙头企业"，为生态茶园管理操作规范和生态白茶的企业标准单位；2022 年入选第五届数字中国建设峰会指定用茶。公司建设有机茶园 3000 多亩，并推动周边乡

绿黄相间（林昌峰　摄）

村 12600 亩茶园发展，为乡村振兴做出一份贡献。公司马路头新基地，于 2019年成为了"福鼎白茶生态茶园管理实践基地"，打造成标准化的生态茶园，形成公司特有的生态茶园建设模式，对整个硖门乡生态茶产业建设起到推进、示范作用。畲依茗一直不忘初心、牢记使命，把真正的生态健康茶带给消费者。

中国生态白茶标志性品牌——畲依茗，您健康生活的好伴侣。

第十二章

大暑

茶亭往事（林秀链　摄）

大暑茶饮咏怀

郑正祥

太姥山头生晒茶，

清芳甘润韵无涯。

时逢酷暑长亭坐，

未饮已然凉意赊。

一、大暑节气

1.释义

公历每年 7 月 22 日或 23 日，农历一般在六月。太阳黄经到达 120°开始。

《淮南子·天文训》："加十五日指未，则大暑，音比太簇。"增加十五日北斗斗柄指向未位，那么便是大暑，其音与十二律中的大簇相当。

《月令七十二候集解》："大暑，六月中。解见小暑。"暑是炎热的意思，大暑，指炎热之极。大暑相对小暑，更加炎热，"湿热交蒸"在此时到达顶点。

《管子·度地》："大暑至，万物花荣，利以疾薅杀草秽。"大暑节气到来，植被繁茂，更有利于除草、拔草。茶园里的杂草也一样，在大暑节气时拔去。

《易经》："天地不交，否。"否卦代表农历七月，就整个卦象而言，上卦三个阳气在上，下卦三个阴气在下，按照阳气上行、阴气下沉的运动规律，阳气与阴气之间的距离越来越大。到了农历七月，阳气渐渐收缩，时令渐渐被阴气所主宰，此时天地由炎热喧闹而渐渐转为凉爽肃杀。

擂鼓庆贺丰收（马英毅　摄）

2. 气候

大暑，反映夏天暑热程度的节气，一年中最热、日照时数最多的节气。大暑节气，酷热难耐，正值三伏的中伏，福鼎市也进入热带气旋（俗称台风）的最活跃期。全市平均气温 28.8℃，平均降水 106.3 毫米，平均日照 118.2 小时。大暑期间，受副热带高压的影响，全市常出现持续高温少雨天气，有时还会出现"旱兆"或小旱。如 2013 年极端最高气温 38.9℃，高温日数 14 天，7 月 21 日至 8 月 13 日连续 24 天无有效降水（日雨量 ≤ 2.0 毫米），至 8 月 15 日出现"中旱"。2017 年极端最高气温 39.9℃，高温日数 10 天，7 月 9 日至 28 日连续 20 日无有效降水，出现小旱。2022 年 8 月 21 日最高气温 40.7℃，市区共有 3 天日最高气温 ≥ 40℃，均突破历史同期极值。

在高温、干旱、日照强烈的天气影响下，茶园地表温度可以高达 40℃以上，茶叶表面叶温也可达到 35℃以上，这时茶园内土壤水分和茶树植株内的水分散

茶园梯田（郑雨景　摄）

失很快，收支难以平衡，会导致茶叶旱害。2022 年全市茶园受干旱影响，枯死率占 10% 以上。

3. 民俗

古时候，每 5 华里都有过路亭，村里人会在村口的凉亭里放些茶水，免费给来往路人喝，因此过路亭也称作茶亭。这个几百年前的习俗却被一直保留了下来，一直到公路开通，古官道被毁，走路的人少了，茶亭渐渐退出历史舞台。据不完全统计，福鼎境内至今留下过路亭痕迹有 120 多座（许多茶亭被毁）。

每个凉亭里都有专人全天煮水泡茶，保证供应茶水。这种茶在福鼎有个专门的称呼，叫做"伏茶"或称"普施茶"。由当地的望族建亭并且派族人专门烧水供应，这真正体现福鼎先人的济世与仁爱精神。

大暑时节正是荷花盛开之时，因此农历六月又叫荷月。赏荷花是大暑的习俗。在福鼎荷花种植不够普遍，所以赏荷花成不了普遍的风俗习惯。

4. 物候

黄道周《月令明义》："腐草化为萤，土润溽暑，大雨时行。"萤火虫因其尾部发出荧光而得名。大暑时节萤火虫卵化而出，进入交配季节，通过尾部发光吸引异性，完成交配；盛夏高温，土壤潮湿高温，利于植物生长；狂风暴雨经常来临。

福鼎候应：向日葵向阳而开，螺蛳当令，水蜜桃上市。

清版《福鼎县志》："葵，《府志》：'有数种……又有向日葵，日东面东，日西面西，所谓葵花向日倾是也。'"向日葵大暑节气开花，秋季结果。

福鼎盛产螺，螺有多种，大暑节气正当时令。《福鼎县志》："螺，有黄螺、丝螺、香螺、辣螺、花螺、尖尾螺、珠螺，又池螺、田螺、竹螺、鹦鹉螺。"

《福鼎县志》："桃，《府志》：'有海桃、金桃、银桃、合桃、扁桃、苦桃、七月桃、十月桃、白蜜桃、乌烟桃、蟠桃、柰桃。'"水蜜桃就是县志里记载的白蜜桃，福鼎前岐镇是水果之乡，盛产水蜜桃。

5.民谚

小暑不算热，大暑正伏天。

注释：小暑的高温与大暑相比有一些差距。

大暑热不透，大热在秋后。

注释：大暑节气高温天气的日子足够，否则秋分节气更热。

头伏日头二伏火，三伏无处躲。

注释：大暑一般处在三伏里的中伏阶段，十分炎热。

小暑大暑，上蒸下煮。

注释：小暑与大暑的一个月，大汗淋漓。

三伏有雨秋后热。

注释：三伏一般在大暑节气里，三伏当天有雨，入秋后天气反而更热。

绿水青山茶飘香（李步登　摄）

二、大暑茶事

大暑时节注意茶园抗旱能力。2022年是百年难遇的干旱季节，许多茶园里的茶树干旱致死，生态良好的茶园茶树长势良好，这是考验生态茶园建设的年份。生态茶园里要栽种遮阴树，提高和保持茶园湿度，促进茶树的生长，喷洒灌溉或者滴水灌溉茶园，确保茶园内所供给的水量，满足茶树生长需要。

大暑节气可浅耕除草，沟施追肥。浅耕可破坏土壤表层毛细管，减少下层水分蒸发，既可抑制杂草生长，又可疏松表土，对夏季茶园有保水抗旱效果。勤劳的福鼎茶农往往清晨就在茶园中耕作。

病虫害防治重点关注茶园害虫的虫口密度（特别是小绿叶蝉），合理修剪茶枝。有机茶园的茶叶可适时分批勤采、嫩采。

大暑节气，紧压白茶压制是每个茶企常态化的加工工序。当年生产的白茶毛茶也必须进行精制加工流程，精制过程同"夏至茶事"描述。

三、适饮的福鼎白茶

大暑时节最适饮当年生产的贡眉，品饮贡眉白茶，身体清舒通泰、精神清爽。贡眉是用福鼎群体茶树品种制作的白茶，即福鼎菜茶的芽叶制成的白茶。文献明确记载，白毫银针最早是福鼎茶农在1795年用福鼎菜茶的单芽制作而出。

大暑时节，时值"中伏"前后，是一年中最热的时期，天气酷热，出汗较多，容易耗气伤阴，此时人们常常是"无病三分虚"，会产生心烦意乱、无精打采、思维紊乱、食欲不振、急躁焦虑等异常行为，这叫情绪中暑。大暑，虚阳在外，伏阴于内，湿气弥漫，最阻碍脾胃气机。传统酷暑盛夏，此时节容易使人感到睡眠质量不佳、胃口差和消化能力下降等。

贡眉白茶的防暑降温效果最好，但其养生作用需要长期饮用才能体现。贡眉白茶可以让人清心解烦、安神定智，有助于提高睡眠质量，其降火消炎、清热解毒功效尤其突出。贡眉白茶的降温止渴作用远远胜过一般饮料，茶汤里的咖啡碱对人体控制体温中枢的调节起着重要影响，同时茶中的芳香物质本身就是一种清凉剂，它们在挥发过程中能从人体皮肤毛孔带走一定的热量。茶汤里的茶多酚、氨基酸、水溶果胶质、芳香物质等可以刺激口腔黏膜，促进唾液分泌，有着生津止渴的作用。

炎热的夏天，饮食稍不注意卫生，细菌便会大量繁殖。夏天是消化道疾病的多发季节。科学研究表明，白茶具有消炎、抗菌、杀菌、改善肠道微生物结构的功能，饮白茶既可以抑制有害细菌的生长，又可以促使有益细菌增殖，提高肠道的免疫能力。

当年生产的贡眉是清新淡雅的白茶，富含茶氨酸。茶氨酸能提高记忆力，茶氨酸也是贡眉清新淡雅的源泉物质。喝茶可以补充钾盐和水分，夏天气温高，人们流汗较多，体内大量的钾盐会随着汗水的排出而丢失，白茶含钾，夏天通过饮白茶有助于保持人体内的细胞内外正常渗透压和酸碱平衡，维持人体正常的生理代谢活动，这是夏天好出汗宜饮茶的重要原因。

李辉教授研究认为大暑节气茶气走手太阴肺经。《二十四节气茶事》："大暑处最易中暑。暑者闷也，在背则火不出，在肺则气不畅。应天时之变，宜用太阴肺经正气调理。太姥山白茶白毫银针，气走肺经，清凉润肺，排除暑热之气，无出其右矣。"从上述可知，最适合喝的白茶是产自太姥山产的白毫银针。特级、一级贡眉白茶也有霸气的茶气，走手太阴肺经。

四、白茶食谱

大暑菜式：太姥茶汁炖葛仙米

主料：葛仙米。

辅料：1~3 年贡眉 8 克、木瓜丁。

调料：蜂蜜、矿泉水。

制作方法：将葛仙米用开水泡上，盖上盖使其涨发后捞出，更换清水拣去杂质、洗净泥沙，装入碗内放入清水上笼蒸约 1 小时后发透，取出沥干，再用清水洗一遍备用。将贡眉放入茶碗内用 95℃的热水进行醒茶，倒去第一道茶水，然

大暑菜式：太姥茶汁炖葛仙米（张乃城　作）

后将茶叶装入煲汤袋内，再投入盛有 95℃左右矿泉水的砂锅内加盖焖泡 5 分钟，取出茶袋，调入蜂蜜备用；将木瓜丁和葛仙米分别放入沸水锅内烫 5 秒钟，捞出后分别放入小碗内，注入调好的茶汤，即可享用。

成菜特点：汤色杏黄、回甘自然、心旷神怡。

五、逛茶企，选佳茗

泰美茶业是一家集白茶种植、生产、仓储、销售及茶文化推广于一体的全产业链企业。公司坐落在福鼎市双岳工业园，占地面积 65 亩，投产后年产白茶可达 500 吨。

泰美在"中国贡眉之乡"——佳阳乡拥有生态有机茶园基地 1000 多亩，在福鼎白茶核心产区磻溪镇湖林村自有生态茶园基地 300 多亩。公司坚持以"泰美茶，标准制"为理念，采用日晒和室内萎凋 72 小时相结合的复式萎凋工艺，研发引进先进的自动化、信息化、规模化生产流水线和仓储设备。

保安亭（林秀链　摄）

泰美茶业构建以兰香白茶·贡眉为爆款产品，以福泰和美·老白茶为热销产品，以桂冠臻品·茶王金奖为明星产品，构建白毫银针、贡眉、白牡丹、寿眉为基础的白茶全品类产品体系，不断挖掘市场潜力，满足客户不同需求，实现企业社会价值最大化。

泰，心若安泰，何处不是吾乡？

美，与茶共美，怎不令人向往？

泰美茶镇是一个创新的茶文化生活美学场所化品牌，主张茶是中国人品味生命和解读世界的代表。它以茶为内容，以美为形式，以文化为内涵，通过构建一个优雅休闲又富有人文情怀的第三空间，引导人们以茶会友，品茗赏画，最终进入修身养性的理想境界。

第十三章

立秋

茶坊光影（刘学斌　摄）

立秋

陈登泉

送爽金风润嫩芽，
连山叠翠早秋茶。
村姑背篓过溪去，
采撷归来市贾家。

一、立秋节气

1. 释义

每年公历 8 月 7 日或 8 日，农历一般在七月，也有在农历六月。太阳到达黄经 135°时开始。

《淮南子·天文训》："加十五日指背阳之维，则夏分尽，故曰有四十六日而立秋，凉风至，音比夹钟。"增加十五日指向背阳之维，那么夏季终了。所以说夏至后四十六日而立秋，凉风吹来，其音与十二律夹钟相对应。

《御定月令辑要》："秋者，揫也，物于此而揫敛也。"揫有聚集之意，在这个夏秋之交的重要时刻，万物转为收敛状态。立秋是阳气渐收、阴气渐长，由阳盛逐渐转变为阴盛的节点，意味着降水、湿度等，处于一年中的转折点，趋于下降或减少；在自然界，万物开始从繁茂成长趋向萧索成熟。秋季最明显的变化是草木的叶子从繁茂的绿色到发黄，并开始落叶，庄稼则开始成熟。立秋是古时"四时八节"之一。

立秋后的第五个戊日为"秋社"。秋社始于汉代，是秋季祭祀土地神的日子，官府与百姓都在这天祭神答谢。宋代，秋社有食糕、饮酒、妇女归宁的习俗。

2. 气候

立秋，是秋季的第一个节气，意味着末伏夏尽，凉风渐至，但在福鼎，并不代表酷热天气的结束，所谓"热在三伏"，又有"秋后一伏"之说，立秋后还有至少"一伏"的酷热天气。立秋过后，长夏

茶香四溢（潘光生　摄）

渐短，白天还是烈日炎炎，夜晚却有丝丝凉风来袭，昼夜温差加大。

立秋期间，福鼎市平均气温 28.6℃，平均降水 143.8 毫米，平均日照 98.6 小时，极端最高气温 42℃。立秋，是福鼎市秋季降水量最多的节气，多为台风带来的暴雨，也是一年中台风影响强度最大的时节，近 50 年共有 19 个台风影响福鼎市，应防范台风暴雨引起的茶园土壤疏松小滑坡等。如 2006 年第 8 号超强台风"桑美"，8 月 10 日 17 时 25 分在浙闽交界登陆，沿海 10 日下午起出现 17 级以上大风，17 时福鼎合掌岩最大风速 75.8 米 / 秒，17 级以上；内陆 15 时 50 分出现大风，大风持续 8 小时，其中 12 级以上大风持续近 4 个小时，最大风速 43.2 米 / 秒。10 ~ 11 日过程总雨量 254.8 毫米。又如 2015 年第 8 号台风"苏迪罗"，8 月 8 日 4 时 40 分在台湾花莲沿海登陆（强台风强度），之后进入台湾海峡，于 8 日 22 时 10 分在福建省莆田市秀屿区沿海再次登陆（台风强度），福鼎市 8 月 7 ~ 10 日城区过程雨量 323.4 毫米，乡镇以管阳镇 464.5 毫米为最多。

茶园满目青（马英毅　摄）

3. 民俗

《淮南子·时则训》："立秋之日，天子亲率三公、九卿、大夫以迎秋于西郊。"天子皇帝举办盛大祭祀活动，发布秋天的政令。古代，立秋时节是重大祭祀的日子。

立秋时节有一个七月初七，是福鼎人祭祀太姥娘娘的日子。清《福鼎县志》："尧时人，种蓝为业，家于路旁。有道士求浆，母饮以螺，得九转丹砂法，服之，七月初七乘九色龙马仙去。后人改母为姥，因名太姥山。"民间传说，太姥娘娘以白茶来救治患麻疹的儿童，降服疫魔，功德圆满，后人尊太姥娘娘为白茶始祖。每年七月初七子时，即七月初六晚上 12 点，信众齐聚太姥山祭祀太姥娘娘。福鼎民谚"上山拜太姥，下海拜妈祖"成为箴言。

七月初七即七夕，民间又称为七巧节、乞巧节、女儿节，也是牛郎织女鹊桥会的节日。福鼎还有专门为七夕做一款七夕饼，呈长条形，是外公、外婆送给外孙食用。此外，七夕饼是一个上佳的茶点。

4. 物候

黄道周《月令明义》："凉风至，白露生，寒蝉鸣。"凉风至，即开始刮偏北风，凉风到来。立秋昼夜温差大，水蒸气凝结，露珠开始降落；寒蝉鸣叫凄凄，鸟隐山林。

福鼎候应：建兰吐芬芳，七月半的蟳，吃西瓜啃秋。

建兰是福鼎原生、野生花草。《福鼎县志》："兰……吴越人呼为建兰，一名水香，即泽兰也。生水旁，叶光润尖长，花蜡色，盖国香也，以素心兰为第一。"春兰、建兰同属兰花，春兰在惊蛰时节开花，建兰却在立秋开花。

《福鼎县志》："蟳，《三山志》作蝤蛑。《埤雅》：'似蟹而大，壳黄青色。又有金蟳，黄色。'"蟳，学名为锯缘青蟹，八尺门内海尤其是点头镇、丹岐玉塘一带的蟳，在七月半时节甲壳不再脱落，肉质最丰满。

清版《福鼎县志》有载西瓜。民国《首都志》："立秋前一日，食西瓜，谓之啃秋。"

5. 民谚

七挖金，八挖银，九挖人情。

注释：茶园农历七月挖土、除草及施肥，强过八月、九月的耕作。

立秋无雨最堪愁，万物从来对半收。

注释：立秋日若无雨，万物可能不丰收。

雷打秋，冬半收。

注释：立秋雷鸣，则迟禾少收之报。

朝立秋，凉飕飕；暮立秋，热到冬。

注释：每个节气都有时辰。立秋时辰发生在早上，天气转凉；立秋时辰在傍晚，天气热到立冬。

六月立秋秋后种，七月立秋秋前种。

注释：立秋在农历六月，种植应在立秋后；农历七月立秋，在立秋前种植。

二、立秋茶事

茶叶农事的重点是茶园病虫草害防治，针对茶尺蠖要用植物源药剂或病原菌

茶艺公开赛（福鼎市茶文化研究会　供）

茶山晨韵（郭建生　摄）

进行防控。随着气温升高，加速茶园病虫草害发生，茶尺蠖繁殖已经进入第四代，茶瘿螨发生高峰期，黑刺粉虱第三代。植物源药剂可用博落回制剂 30% 水剂、楝树碱等，病原菌一般用是苏云金杆菌、短稳杆菌、白僵菌。

　　茶园管理一定要进行浅耕或中耕最佳，中耕除草对茶园土壤进行耕翻，以改善土壤理化性状，改善土壤微生物的生存环境，杀灭土中虫卵。经过茶农的深翻除草之后，埋入茶树根部的杂草可以作为一种很好的自然肥料被茶树吸收，这也是自然反哺的一种很好的形式。

　　立秋时节，昼时晴朗干燥、余热未消，夜间凉爽澄清、秋风含蓄。经过夏季的休伏期，茶树们正悄悄为秋茶丰收做着准备。白天，它们贪婪地吸收着秋日和煦的阳光、温度，让叶绿体充分光合作用，积累丰富的芳香物质和滋味物质，为芽叶酿造出清扬爽透的独特秋香；深夜，微降的气温令茶树开始御寒，内质生出丰厚的果胶，成为秋茶汤感柔和稠滑、厚实莹润的源泉。

　　立秋节气的茶树经过夏季的休伏期，生长茂盛。由于白天炎热，夜晚开始转凉，光合作用充分，有较多的物质沉淀，而且天气多晴朗，让茶树接受最自然的能量，原料底子不错，加之做茶的天气给力，所以这时候的茶表现在香甜馥郁的干香上，后期转化也易出枣香、糯香，深受大众喜爱。

秋茶加工季节开始。当天气晴好、日晒充足，特别适合制作传统日晒工艺的白茶产品。一排排、一匾匾的茶青正舒服地摊晾着，茶人坚持"晒功夫"理念，用自然柔和的阳光与创新提效设备结合并行，帮助鲜叶萎凋走水更顺畅、聚香持久。

三、适饮的福鼎白茶

立秋是收的开始，万物收敛阳气，叶落归根，转化为春生夏长的成果。

在自然界中，阴阳之气开始转变，阳气渐收、阴气渐长，万物随阳气下沉而逐渐萧落。阴阳之气由夏长转为秋收，由浮转为降，人体气血亦同，要开始为来年春夏的生长积蓄能量。

立秋可以喝所有的白茶类。根据《二十四节气茶事》所述，茶气走足阳明大肠经。3～5年陈的紧压白茶最适合品饮。

紧压白茶是白茶的再加工茶，现已经有国家标准。紧压白茶为白茶经蒸后压制，性质产生变化，存储3~5年后，内含物变化更多，茶汤变红色，滋味浓郁，茶的阴阳性质也发生变化，正适合立秋季节的气候变化。

茶，饮用以人体自身舒适为主，自身适合喝哪一种茶，它就是最好的茶。

四、白茶食谱

立秋后，肺的功能开始增强，而心脏、肝脏、脾胃功能处于衰弱阶段，要加强对心、肝、脾胃的保养；夏天的暑气逐渐散去，也是人体阴阳代谢出现阳消阴长的过渡期。到了秋季，身体已经处在较为虚弱的状态了，进补多从立秋和处暑开始。由于秋季气候干燥，容易引起肺燥阴伤，故饮食上要多吃酸味，少吃辛辣和热性的食物。蔬果类的橘子、山楂、青苹果、葡萄、白萝卜、香蕉、银耳、百合、枇杷、白果、梨有润肺生津的作用，中药里的沙参、麦冬、川贝、杏仁、胖

立秋菜式：贡眉香梨桃胶冻（张友会　作）

大海等可以养肺润燥，能缓解秋燥。

立秋菜式：贡眉香梨桃胶冻

主料：香梨、水发桃胶。

辅料：5 年陈以上贡眉 15 克、百利凝胶片。

调料：冰糖、矿泉水、蜂蜜。

制作方法：将香梨去皮去核，切成小块备用；百利凝胶片放入小碗内加清水化软；贡眉经过醒茶后，将叶底装入煲汤袋内，扎紧袋口，放入预先烧开矿泉水的砂锅内，加盖转小火煮 5 分钟至茶香浓郁时，取出煲汤袋，再投入香梨、水发桃胶、冰糖和凝胶液小火续煮 2 分钟，熄火。最后将煮好的贡眉香梨桃胶倒入不锈钢方盘内晾凉，加封保鲜膜后放入冰箱内冷藏 3 小时，取出用刀切成小块，面上辅以蜂蜜进行二次补味，即可食用。

成菜特点：茶香醇厚、清甜软嫩、清肺润喉。

五、逛茶企，选佳茗

福鼎长品白茶有限公司是一家专注于白茶种植、加工、销售、研发为一体的福建省农业产业化省级重点龙头企业，2021年成为中国高铁品牌冠名商、CCTV中国央视展播品牌。2021年，长品白茶品牌体验中心与升级完成后的"多功能科技晒场""标准化综合工厂"合力打造出"长品白茶品牌生态圈"，结合后坑村彩虹步道、百年榕树、古民居等多处网红打卡地，实现茶旅发展与乡村振兴。

公司延续白茶传统晒制经验，总结出"晒、养、焙、藏"四大工艺核心。晒，是传统白茶的古法，日晒成茶天然、茶性柔和，汤感更饱满通透有稠度，后期转化空间大。长品拥有行业首创的多功能日光萎凋晒场，日晒茶青达万斤以上，成为福鼎官方推广的白茶标准晒场；遵循约20天养茶理念，内质静置不静止，转化"先慢后快"；坚持低温成茶、缓慢深度干燥，稳茶性、保活性；配备专业白茶窖干仓，年份茶储备达几百万饼。

长品白茶始终倡导传统日晒白茶可"常品、藏品、长品"，让美好的自然真正与生活联结，是值得相伴一生的健康饮品。

耕耘（陈兴华　摄）

第十四章

处暑

阳光雨露润茶香（吴剑秋　摄）

处暑

黄宝成

夏尽秋来菊未黄，
青蛙依旧噪池塘。
清风有意驱炎热，
一盏香茶爽口凉。

一、处暑节气

1. 释义

公历 8 月 23 日或 24 日,农历一般在七月;太阳到达黄经 150°时开始。

《淮南子·天文训》:"加十五日指申,则处暑,音比姑洗。"增加十五日北斗斗柄指向申位,就是处暑了,其音与十二律中姑洗相当。

《月令七十二候集解》:"处,去也,暑气至此而止矣。""处"指"躲藏、终止"。处暑,即为"出暑",是炎热离开的意思。时至处暑,太阳直射点继续南移、太阳辐射减弱,副热带高压也向南撤退,气温逐渐下降,暑气渐消。处暑意味着酷热难熬的天气到了尾声,这期间天气虽仍热,但已是呈下降趋势,正如诗圣杜甫云:"三伏适已过,骄阳化为霖。"

不辞辛劳采绿(刘学斌　摄)

2. 气候

处暑之后，气温逐渐下降，白天较热，夜晚转凉，昼夜温差较大。立秋时节未能带走的炎炎暑气，将在处暑后逐渐散去。处暑期间，福鼎市日平均气温28.1℃，平均降水 137.2 毫米，平均日照 100.6 小时。

处暑节气在立秋之后，从词义中理解是进入秋天，但在福鼎依然是夏季。炎热的气候，如果长时间没下雨，易引发气象灾害。处暑是台风多发季节，台风带来的雨水，可以减少夏末秋初出现旱情的可能性，或缓解旱灾。在大部分的年份里，福鼎是风调雨顺的日子。2022 年的处暑是个极端日子，气温高达 40℃，从夏至（6 月 21 日）到处暑后 8 月 26 日，各乡镇累计无有效降雨（日降雨量小于 2 毫米）日数为 57 ～ 64 天，市区累计 59 天无有效降雨。沙埕、太姥山、嵛山、硖门、店下、龙安、白琳等 7 个乡镇气象干旱等级达到特旱标准，其余乡镇达到大旱标准。

3. 民俗

处暑农历在七月。农历七月十五，道教称为"中元节"，佛教称为"盂兰盆节"。

福鼎民俗里乡镇与农村群众十分看中"七月半"这个节日。七月半要选择一天办酒宴席，不是完全挑选七月十五这一天，一般从农历七月初十到七月十六中选择一天，不同乡镇与村庄选择日子不同。

"七月半"在民间是一个祭祖节，亦称为鬼节，民谚有云："没看年，没看节，一年全看七月半。"说的就是"七月半"对于已逝先人而言是一个极其重要的节日。民间按例要祭祀祖先，用新稻米等祭供祖先。祭祀方法一般分为两种：一种是"私祭"，主要是各姓氏族人对刚去世而尚未进入宗祠的亡人，由其亲属在宗族小祠堂的香案上摆放自备的家常饭菜供品和金银纸钱香火，以此祭祀先人。第二种是公祭，即由各姓氏宗族在各自的祠堂里统一祭祀，由宗族理事会头人主持，在香案上摆放各种荤素祭品和香烛，按照一定仪式进行。

"七月半"的节庆风俗自然由来已久。"七月半"不仅是民间"吉祥月""孝亲月"等传统习俗，也是初秋庆贺丰收、酬谢大地的节日，许多农作物成熟，民众庆祝当年良好的收成。

开渔节也在处暑期间。福鼎沿海乡镇众多，尤以沙埕、太姥山镇渔船远洋捕捞者多，开渔节后捕捞船就开始远航作业。

4. 物候

黄道周《月令明义》："鹰乃祭鸟，天地始肃，禾乃登。"老鹰感知秋日肃气，开始狩猎，猎获之物要陈列为祭。天地间万物开始凋零，萧瑟之气弥漫。各类农作物成熟，迎来万物收成之季。

福鼎候应：芙蓉花开，章鱼有蒜瓣，冬瓜当令。

芙蓉花即木芙蓉。《福鼎县志》："《三山志》：'名拒霜。秋开，色淡红。一种，百叶，朝开纯白，午后渐红如醉，谓之醉芙蓉。'"芙蓉清晨开白色花，

茶韵飘香（周炜　摄）

午后开红色、橙色、红白相间色等，正是"一树芙蓉千种色"，芙蓉花的花青素随着气温、日照的不同，使花开不同的颜色。

章鱼，在《福鼎县志》中有载："腹圆，口在腹下，八足聚生。"章鱼有两种，一种是产自内海，一种产自外海。内海的章鱼个头小，特别好吃，这个季节的章鱼卵巢成熟，经常出现像蒜瓣结构。

《福鼎县志》："《州志》：一名白瓜，老则皮白如粉。"冬瓜成熟后，外皮会变白。冬瓜在处暑节气易煮，是一年之中食用时间比较长的果蔬类。

5.民谚

茶地不挖，茶芽不发。

注释：茶园不经常浅耕或深耕，来年茶叶芽头不会大量萌发。

焙工（福鼎市茶文化研究会　供）

处暑天不暑，炎热在中午。

注释：处暑炎热暑气逐渐消退，中午时分气温很高。

处暑栽白菜，有利没有害。

注释：处暑时节播种白菜种子，冬季就有收获。

处暑雨，修海堤。

注释：处暑当天下雨，接下来一段时节不会下雨，可以修海堤（福鼎围海造田自古有之）。

处暑若还天不雨，纵然结实也难收。

注释：处暑节气一直没有下雨，不利于作物收成。

二、处暑茶事

农谚"茶地不挖，茶芽不发""七挖金，八挖银，九月挖人情"是古人的农耕知识流传至今。其中七挖金指茶园浅耕、深耕除草最佳时机就在农历七月。

处暑时节，挖地除草，进行草害防治。茶园中的大多数恶性杂草均生长在夏季，茶园除草一般可以浅耕和深耕结合进行，但在杂草旺盛生长季节应单独进行人工清除，或覆盖抑草。如果茶园铺芒草、菌草或种植鼠茅草等，对杂草有较好的抑制作用，即以草治草方式。

这个时节要重视茶园病虫害防治。主要虫害有黑刺粉虱第二代、假眼小绿叶蝉、茶瘿螨、长白蚧第二代，病害有茶云纹叶枯病、茶炭疽病。可喷施哈茨木霉、绿色木霉、巨大枯草芽孢杆菌及芽孢杆菌属的微生物，300 ~ 500 克/亩；再增加丛枝菌根菌及有隔内生菌的喷施，提升茶树根际的微生物结合能力，扩大吸收面积，增强吸收能力及物质转化能力。

采完夏茶后，再进行一次追肥（有机肥），开沟深10厘米。施后要覆土，主要是为采秋茶积蓄养分。

处暑节气茶芽受高温影响，萌发在停滞期；有经验的茶农认为处暑期间生产的茶叶质量不高。

随着福鼎白茶的兴起，紧压白茶加工全年都在进行，白茶精制加工不断进行中，茶企要合理搭配各种生产工序，创新茶叶包装设计。

三、适饮的福鼎白茶

这个季节，白茶所有的品类都可以品饮。白毫银针、白牡丹、贡眉、寿眉，当年生产的，或者陈年的白茶均可饮用。这个节气是气运从夏到秋转变所必经的阶段，而主管这一转变的，是中土之器官——脾。脾居中焦，能升降气机，不断将水谷精微输送至脏腑经络。

处暑时节，推荐一款福鼎老百姓家中一直都有喝的药茶——山柰茶。山柰茶，就是用山柰与白茶通过特殊的工艺制作而成。山柰，一直作为药食两用的植物使用。据《中国药典》记载，山柰，辛、温，归脾、胃经，温中化湿，行气止痛，常用于胸腹冷痛、寒湿吐泻、骨鲠喉、牙痛、跌打肿痛等。

在福鼎民间，很早就有人制作山柰茶，不仅可以消暑止渴，还可以治疗疾病。福鼎许多人从小就喝过山柰茶，许多家庭主妇就知道用山柰加上白茶炒制作为家庭用茶。人们认为山柰茶除了解渴，还可以健脾除湿，经历了长夏季节，人体湿气重，平日里生活用茶有如此功效，怎不用之？

唐朝时，我国就有处暑煎药茶的习俗。煎药茶是为了入秋吃点"苦"，帮助人体清热去火，消食润肺。山柰茶就具有药茶的特征。

四、白茶食谱

处暑菜式：老银针煲猪肚鸡

主料：土鸡、鲜猪肚。

辅料：7 年陈白毫银针 10 克、莲子、核桃。

调料：精盐、家乐薄盐鲜鸡精、姜片、矿泉水。

制作方法：将鲜猪肚洗净，土鸡洗净后用刀砍成块状，然后将土鸡和猪肚放入冷水锅内，用大火烧开撇去浮沫，捞出再用冷水洗净，猪肚用刀切成片状备用

处暑菜式：老银针煲猪肚鸡（郑贝贝　作）

（需刮去白膜）；另取一个大砂锅，注入矿泉水，放入土鸡、猪肚、莲子、核桃、姜片和精盐，加盖用大火烧开，撇净浮沫再转小火煲制 1.5 小时，至肉质软嫩时，投入 7 年陈的白毫银针用小火续煲 10 分钟即可。

成菜特点：滋味甜爽、毫香蜜韵、汤色杏黄明亮，陈年老银针内含物质丰富，土鸡肉富含蛋白质、多种微量元素、氨基酸，两者合烹香气高扬、滋味清甜醇和，可以改善气血，对脾胃功能也有调理作用。

五、逛茶企，选佳茗

福鼎市芳茗茶业有限公司成立于 2006 年，是一家集茶叶种植、白茶生产、加工、销售、产品研发、企业定制、茶旅体验、白茶文化推广于一体的农业产业化省级重点龙头企业。

公司拥有一批以中国高级评茶师、福鼎市非物质文化遗产（福鼎白茶制作技

云雾缭绕方家山（林昌峰　摄）

艺）项目代表性传承人叶芳养为代表的当地著名制茶人，自 2001 年开始承包第一座茶园起，目前旗下已有点头观洋、点头九峰山、嵛山天湖、白琳金亭、磻溪白马岗和三十六弯等 6 个生态茶基地约 2000 亩，其中嵛山岛、九峰山和白马岗茶叶基地已获得有机认证。所有的茶叶种植基地实行有机化管理。

　　芳茗公司潜心专注于福鼎白茶的传统制作，不仅对制茶工艺精益求精，在不断完善白茶传统加工工艺的基础上，大胆创新，研发虫草白茶、白茶香菇等相关项目。公司产品在全国各类评比中屡获殊荣。

　　芳茗公司坚持以"品质为上、服务为本"为宗旨，以"生产最好的白茶"为目标，竭诚为社会奉献健康、安全的产品。

第十五章

白露

采白露茶（施永平　摄）

白　露

陈宜丁

茶山经夏复萌时，
鸿雁归来采撷宜。
一盏甘醇邀远客，
心诚总有好相知。

一、白露节气

1. 释义

每年公历 9 月 7 日或 8 日，农历一般在八月，也有在七月。当太阳到达黄经 165°时开始。

《淮南子·天文训》："加十五日指庚，则白露降，音比仲吕。"增加十五日北斗斗柄指向庚位，那么白露便要降落，其音与十二律中仲吕相对应。

《月令七十二候集解》："白露，八月节，秋属金，金色白，阴气渐重露凝而白也。"古人以四时配五行，秋属金，金色白，故以白形容秋露。夏季风逐渐为冬季风所代替，冷空气转守为攻，加上太阳直射点南移，北半球日照时间变短，光照强度减弱，地面辐射散热快，所以温度下降速度也逐渐加快。

以福鼎的气温定义春、夏、秋、冬四季，白露依然是属夏季范畴；但是基本结束了包括立秋与处暑三伏天的闷热，天气渐渐转凉，寒生露凝。

2. 气候

白露时节，太阳光直射点南移，北半球日照时间变短，日照强度减弱。此时，夏季风减弱，冬季风加强，冷空气南下逐渐频繁，气温快速下降，季节由夏到秋转换。

白露期间，福鼎市平均气温 26.8℃，平均降水 98.2 毫米，平均日照 82.9 小时。平

采茶时节（马英毅　摄）

均气温较处暑降了 1.3℃，日最高气温 ≥ 35.0℃仅 0.7 天，降水也较立秋、处暑明显减少，适宜的温度、湿度、日照条件有利于秋茶茶芽萌发与嫩叶的生长。

白露是天气转凉的节气，在此节气白天的温度仍会超过 30℃，夜晚的温度会降到 20℃，昼夜温差甚大。

3. 民俗

白露茶，在福鼎很有名气，有认为白露当天生产的茶叶叫白露茶，也有认为是白露节气 15 天以内生产的茶。

在《二十四节气与淮南子》："*白茶，为中国茶中珍品……白茶满披白毫，汤色清淡，味鲜醇，有毫香。*"书中认为白露日饮食与养生，最佳的茶叶就是白茶，也就是白露品茶。

日落茶园（陈昌平　摄）

在福鼎，许多人认为白露节气是生产白茶最佳的日子之一。茶树经过夏季充分的光合作用，高温又使茶芽萌发处在抑制状态，白露时节萌发后释放出白茶特有的香气物质。

福鼎农村有酿酒的习俗，一般酿造糯米酒，酒糟有白酒糟和红酒糟之分，酿造的方法也有区别，酿造后成为白色米酒与红色米酒。一般每年白露节气一到，才开始酿酒。白露日酿造的糯米酒温中含热，略带甜味，称白露糯米酒。

白露节气后的2至3天便是一年一度的教师节。1985年1月全国人大常委会将每年的9月10日定为教师节，1985年9月10日便成为新中国第一个教师节。

4. 物候

黄道周《月令明义》载："鸿雁来，玄鸟归，群鸟养羞。"鸿雁属冬候鸟，鸿雁从北方飞往南方越冬。玄鸟，指燕子，燕子归往亚热带与热带地区。群鸟养羞，群鸟养好羽毛御寒。

福鼎候应：秋海棠花开，鳗鲡鲜美，采挖黄精。

清《福鼎县志·物产》："秋海棠，《福州府志》：'草本，早秋即花，略似海棠。'"红色的海棠花在秋天开花，故名秋海棠。

清《福鼎县志·物产》："鳗，有淡鳗、芦鳗、丝鳗、土鳗。"福鼎内海湾长达35海里，在淡水与咸水交接地带，这些鳗就在内海或淡水中生长，这时的淡水鳗最肥美。福鼎面临东海，东海有大鳗鱼，在这个季节大而肥嫩。

黄精俗称九蒸芋，需要九蒸九晒，是中药滋补品。黄精，其根茎入药，原来在各个乡镇的山林里都有生长。计划经济时代，供销社收购大量的黄精，供全国医药公司统一调配，供销社有专人采购、晒制黄精。清《福鼎县志》："黄精根如嫩生姜，黄色八月采，蒸熟啖。太阳之草名黄精，饵之可以长生。"

5. 民谚

白露白茫茫，没被没得上眠床。

注释：白露时节，如果没有棉被御寒，睡不好觉。天气转凉，注意保暖，增强人体免疫力。

白露种葱，寒露种蒜。

注释：葱蒜的种植时间与节令不同，需要谨记。

白露和风细雨多，牛肥马壮人欢歌。

注释：白露当天和风又下起蒙蒙细雨，接下来的气候好，牛肥马壮人们快乐、幸福。

白露晴三日，砻糠变白米。

注释：白露时节天晴三日，有利于水稻生长，尤其是果实生长，能促进稻米发育。

白露台，没米筛。

注释：白露季节，台风来袭（福鼎是台风多发地），水稻正开花，造成稻花不能结果，稻谷成为空壳。

二、白露茶事

白露时节更要注重茶园管理，注意茶园病虫害防治。福鼎的茶园这个时期：小绿叶蝉还是处于发生高峰期，茶天牛进入蛀洞期，茶尺蠖繁殖已经进入第五代，茶瘿螨发生高峰期，黑刺粉虱第三代。茶叶农事的重点是茶园病虫草害防治，针对小绿叶蝉用植物源药剂博落回制剂 30% 水剂，茶尺蠖要用植物源药剂如楝树碱等防控，或用病原菌如苏云金杆菌、短稳杆菌、白僵菌进行防控，茶天牛则用天牛病毒、绿僵菌。

免耕密植茶园中的杂草较少，因为茶叶的密植使太阳光难于照射到园地里，会阻碍杂草生长。不利就是茶园不透光，容易滋生病虫害。

在福鼎有制作白露茶的传统，认为白露茶具有特别之处，俗话说"春水秋香"，指的是春茶的茶汤滋味鲜爽，白露秋茶香气特别高昂。此时秋高气爽，天气干燥，北风天气，茶叶中的芳香物质在萎凋过程中会产生一些特殊的香气物质，如芳樟醇、橙花醇、香叶醇、萜烯醛等芳香类物质。

白露季节一般采摘一芽一叶、一芽一二叶或者嫩梢，主要以制作白牡丹、贡眉、寿眉类白茶为主，白牡丹与寿眉白茶居多。

三、适饮的福鼎白茶

白露时节喝茶，以老白茶合宜，取 5 年以上的老白茶，可焖、可泡、可煮，品饮后最是惬意不过。老白茶经过转化，其口感、风格、茶性都有所转变，经历时间转化的老白茶，枣香、药香更加浓郁，更适宜在白露时节饮用。白露时节人体阳气减弱，对能量与营养要求较高。此时常饮老白茶，不但可以暖身，还可以有效抵御寒意，预防感冒。老白茶可养人体阳气，老白茶汤色胭红，更是给人以温暖的感觉。老白茶的抗菌能力强，用白茶漱口可防止病菌进入口腔，可预防蛀牙与食物中毒，还有降血压、降血脂、降血糖功效。多喝老白茶有助消化，可增

晒茶青（周勤　摄）

强人体抵抗力。

秋季，是煮老白茶的开始。煮一壶老白茶，在袅袅白雾里，枣香好像长了翅膀，跟着白雾一起翻滚起舞。这种香气，逐渐地走向你，好像一层薄纱，笼罩着你，舒服极了。煮茶，注意茶水比例。干茶内质丰富，像是待开发的资源，所以，在煮茶时，投茶量不宜过多。煮茶时，应该先把水煮沸，然后再投茶。待水沸腾之后，加热几分钟后，就能倒出茶汤享用。煮出来的白茶，香气馥郁，茶汤醇和。

《二十四节气深阅读》"白露物候物产地图"中把福州龙眼、福鼎白露茶作为白露物产。因此，白露节气不仅要制作白露茶，白露日要品饮白茶。

四、白茶食谱

白露时节，气候温燥，容易损伤人体阴气，并容易引发咳嗽，故人体也应该保持"阴平阳秘"，达到阴阳平衡的状态。白露较立秋和处暑气温更低，但气候却更加干燥，所以饮食上也要注重滋阴润燥，少吃燥热之品。五谷类的玉米、大米、甘薯、荞麦可以健脾补虚；蔬果类山药、芹菜、银耳、菠菜、梅、杏、甘蔗、苹果、香蕉、梨、龙眼、红枣、马蹄、菱角等有润燥生津的作用，可缓解口渴、燥热；中药里茯苓、沙参、西洋参、百合、杏仁、川贝等有助于滋阴润肺、消除燥热。

白露菜式：茶芋乡情

主料：铁棍山药。

辅料：鲜冻白茶茶青或泡过的白牡丹叶底。

调料：蚝油、白糖、镇江香醋、大豆油。

制作方法：将铁棍山药去皮，切成长约6厘米的段，放入蒸笼内蒸至八成熟，取出备用；将白茶青自然解冻后，放入四成热的油锅内炸至酥脆，捞出沥油；蒸过的铁棍山药段放入五成热的油锅中炸至金黄色，捞出沥油备用；锅留底油，下入白糖、蚝油用中火炒至融化，再下入镇江香醋、山药和茶叶翻炒均匀，出锅摆盘即可。

成菜特点：茶香酸甜、质感软糯带有酥脆。

白露菜式：茶芋乡情（林坤庸、邱尊水　作）

五、逛茶企，选佳茗

　　大廷茶仓源自民国时期的"陳長春號"茶行，成立于 2018 年，总部设在有"白毫之良为五洲最"之称的福鼎市白琳镇，系农业产业化省级重点龙头企业。大廷茶仓秉承"坚持传统、严守品质"的制茶理念，长期致力于福鼎白茶和白琳工夫传统制作工艺的恢复、传承和发展。充满人文关怀的企业文化，让公司凝聚了大批优秀人才，拥有一支以原福鼎国营茶厂生产技术科长陈敏为首席专家的核心技术团队。公司建立高标准茶叶制作和仓储基地，在国家级现代茶叶产业园内建设高标准茶园基地 1200 亩。大廷茶仓注重品质、精益求精，先后取得食品生产 SC 许可和 ISO9001 质量管理体系认证，获得"福鼎白茶""福鼎白琳工夫"中国地理标志和商标使用授权，并同福建省农科院共同进行"白茶仓储技术"课题合作。公司的茶品在多项赛事评比中屡获殊荣。

秀美茶园（毛真怡　摄）

秋分日过资国寺饮禅茶

狄民

磬远钟疏菊未馨，
寻常日子故人庭。
半壶禅意悠悠里，
借得春山一寸青。

一、秋分节气

1. 释义

公历每年 9 月 22~24 日，大多数在 9 月 23 日，偶有在 9 月 22 日或 24 日，农历一般在八月，太阳到达黄经 180°开始。

《淮南子·天文训》："加十五日指酉，中绳，故曰秋分。雷戒，蛰虫北乡，音比蕤宾。"增加十五日北斗斗柄指向酉位，正当绳处，所以叫秋分。雷声躲藏起来，蛰虫开始冬眠，头向北面，其音与十二律中蕤宾相对应。

董仲舒《春秋繁露·阴阳出入上下》："秋分者，阴阳相半也，故昼夜均而寒暑平。"秋分，"分"即为"平分""半"的意思，秋分这天太阳光几乎直射地球赤道，时至秋分，暑热已消，天气转凉，暑凉相分。从天文角度解释，这一天起阳光直射位置继续由赤道向南半球推移，北半球开始昼短夜长。

《月令七十二候集解》："秋分，八月中。解见春分。""分者，半也，此当九十日之半，故谓之分。"秋分农历就在八月份，又在秋季的中间。

缀点夜空（李步登　摄）

赤溪致富茶（柳明格　摄）

2. 气候

秋分时节，夏、秋的气候分界线移至长江沿线。秋分后，昼短夜长，来自北方的冷空气频频南下，气温降低，雨水减少，天气逐渐转寒。秋分期间，福鼎全市平均气温 24.7℃，平均降水 79.6 毫米，平均日照 74.7 小时。近 50 年，秋分期间共有 10 个台风影响福鼎市。如 2016 年 9 月 27～29 日，受台风"鲇鱼"影响，福鼎市普降暴雨到大暴雨，城区过程雨量 350.2 毫米，9 月 28 日雨量 254.0 毫米，各乡镇以管阳过程雨量 537.0 毫米最多。

3. 民俗

农历八月十五中秋节，又称祭月节、仲秋节等，最初"祭月节"是在干支历二十四节气"秋分"这天，后来才调至农历八月十五日。中秋节与春节、清明节、端午节并称为中国四大传统节日。2006 年 5 月 20 日，国务院将其列入首批国家级非物质文化遗产名录，自 2008 年起中秋节被列为国家法定节假日。

福鼎的民俗家家户户蒸水粿（俗称九重粿）；节前外婆、舅舅必给外孙（甥）、外孙（甥）女送中秋月饼，儿童于中秋夜在屋外摆上月饼、柚子拜月，唱着儿歌"菜头子，皇武帝，你月大，我饼细……"，而后分食。

2018 年，国家在每年的秋分时节设立"中国农民丰收节"，既是对传统"二十四节气"这种古人智慧结晶的致敬与传承，同时更加体现了当代中国人知晓自然更替、顺应自然规律和适应可持续的生态发展观。自丰收节设立以来，福鼎茶农每年都在丰收节举办茶事活动。

4. 物候

黄道周《月令明义》："雷声始收，蛰虫坏户，水始涸。"雷声开始平息，蛰伏冬眠的动物躲进户内，水流开始干涸。

福鼎候应：丹桂飘香，鲈鱼肥嫩，槟榔芋魁王。

清版《福鼎县志》："桂，《府志》：'一名木樨，枝叶繁密，凌冬不凋，花有红、黄、白三色，又有四时开者，曰月桂。'"桂花分丹桂、月桂、四季桂，以丹桂香气最为浓郁，秋分时节，丹桂花开，预示着仲秋来临。

福鼎是中国鲈鱼之乡，有野生的鲈鱼，近年来大量养殖花鲈鱼。《福鼎县志》："鲈，《三山志》：'似鲻而有黑子，肉白，炙脍不腥。隋炀帝谓金齑玉脍，东南之佳味。'"隋炀帝说的金齑玉脍正是福鼎的鲈鱼。

《福鼎县志》："芋，陶隐居云：'状若蹲鸱，谓之芋魁。'"福鼎的芋有多种，有红米芋、白芋、槟榔芋等。槟榔芋又叫福鼎芋，俗称山前芋，山前街道出产的槟榔芋最负盛名，故名。福鼎芋借助特殊的土质和土壤养分，以及独特的管理方法，经不断地选育与提纯复壮，由原有单个母芋（可食用的地下球茎部分）0.5千克左右，发展到 2 ~ 3 千克，最大可达 6 千克，并形成了独特的风味与体大形美的外观。其母芋呈圆柱形，长度 30 ~ 40 厘米，直径 12 ~ 15 厘米，形似炮弹；表皮棕黄色，芋肉乳白色带紫红色槟榔花纹，易煮熟，熟食肉质细、松、酥，浓香可口，风味独特，食不厌口，营养丰富。由于母芋全部在表土层以下生长，免受外界污染，因此属于无公害的绿色食品。

以福鼎槟榔芋粉为原料烹调的"红鲤藏泥""太姥唐塔""太姥芋泥""芋虾包""菊花芋"等系列，列为人民大会堂和钓鱼台国宾馆的国宴佳肴。

5. 民谚

秋分秋分，昼夜平分。

注释：与春分一致，昼夜均，而且寒暑平。

秋分种，立冬盖，来年清明吃菠菜。

注释：秋分播种，立冬后要防止大雪伤害，用草、薄膜覆盖防冻，至清明时节菠菜当令。

好中秋，好晚稻。

注释：中秋月明朗，预卜丰收。

白露早，寒露迟，秋分种麦正当时。

注释：冬小麦种植播种时间就在秋分。

二、秋分茶事

　　茶园杂草是茶农最烦心的事，以前除草剂没出现时，都是进行人工除草。2019 年，福鼎市政府出台茶园及周边不能使用除草剂的政策，茶农要恢复农耕时期人工除草，鉴于人工成本提高，除草变成一件大事。

　　杂草治理最佳办法是以草治草，用鼠茅草抑制杂草的生长。9 ～ 10 月播种，冬季萌发，次年 5 月长出，抑制其他杂草生长。茶树下生草，来治理生态环境，抑制杂草生长，保持土壤通透气好。鼠茅草是一种耐寒而不耐高温的绿肥植物，根系深达 30 厘米，最深可达 60 厘米。种植一次鼠茅草，果园 4 ～ 5 年不用除草，一次性投入减少了几年的人工除草成本。种植绿肥鼠茅草可以抑制茶园杂草生长，增加土壤质量，改善茶园土壤；能有效保持土壤稳定性，并且保水保湿效果显著；根系纤细，在腐烂之后能代替人工深耕的效果，也不需要施肥，冬季能起到保温的作用。

　　全球气候转暖后，秋分时节，还需要进行病虫害防控。主要关注茶叶螨类，叶片被螨类为害后失去光泽，芽叶萎缩，叶脉发红，叶背褐色锈斑或铁锈色，可采用以螨携菌、天敌昆虫等

云雾山处（林昌峰　摄）

方式防治，如发生面积较大，可增加博落回制剂、配合鱼腥草汁来防治，用量500～1200克/亩。茶叶被小绿叶蝉为害后芽梢生长受阻，严重时芽叶枯焦，应抓住为害初期，及早防治，用苦参碱、苏云金杆菌等生物药剂喷洒。茶叶被黑刺粉虱为害后，叶背白底黑点，诱发煤病，树势衰退，芽叶稀瘦，抓住第4代虫卵孵化初期防治，用博落回制剂喷洒。

秋分（耿丽　摄）

　　制作秋白茶一般从白露节气开始。有的茶农或者茶企为了来年白毫银针肥壮，往往在白露茶制作后，就让茶树留养生息，茶树通过光合作用聚集更多营养物质，贮存在根茎部，为来年茶芽萌发做准备。

　　秋分时节是秋茶生产季，秋茶采摘，也叫"三春"茶叶，以采摘一芽一二叶、一芽三四叶或者嫩梢，制作白牡丹、贡眉、寿眉品类。秋茶加工经过萎凋与干燥两道工序，制作成毛茶。秋白茶的香，也跟它的天气有直接的关系，突出的是花果香。秋茶特有的香气与春茶不同，秋茶香气会更显高扬，春茶香气更显馥郁；汤水方面，春茶滋味与水融合度很高，滋味茶气一体，秋茶一般茶香气高，茶滋味略淡。

　　秋白茶汤水绵滑，口感甘甜。秋白茶多为牡丹、贡眉、寿眉，芽头瘦小，叶片粗长阔大，梗粗长，白毫略少；茶梗多的秋白茶，含有的黄酮素较春白茶高，黄酮素对心脑血管有极好的保健功效，能增强血管弹性，增加血管通透性，对高血压、高血脂及高血糖，功效更佳。

三、适游的茶旅线

　　秋分时节，举国处处都是丰收的景象，节气在国庆长假范畴，正是出行的好时机。秋高气爽之时，可进行茶旅游，饱览福鼎风光，深入了解福鼎白茶文化。秋季茶旅线可以走福鼎—磻溪线。

　　磻溪地处太姥西麓，是国家级生态乡镇。境内游磻溪双魁桥、白茶文化园、四季盛白茶体验馆、武状元林汝浃故里、黄岗村 1959 年全国茶叶生产现场会召开地、大沁茶业十三坪知青茶园、湖林白茶文化街、国营湖林茶叶初制厂旧址、周鼎兴百年历史品牌、南广一顶山品品香农业智慧园等。桑海村 2019 年列入中国传统村落，有美丽婉约的桑翠湖；仙蒲村是中国历史文化名村，也是元代进士林仲节故里，有恢宏瑞祥的仙蒲古民居；祥和庄严的后畲临水宫，赤溪"中国扶贫第一村"杜家堡列入国家传统村落、省级文保单位，以及紧张刺激的九鲤溪第一漂。气势磅礴的溪口瀑布，空旷怡人的后坪草场，还有龙须瀑、隐龙瀑、烟雨瀑等 10 多处瀑布群景点。

磻溪的美食：鲥鱼（倒光刺鲃）、香鱼（鲥鱼）、溪鱼、中华绒螯蟹（毛蟹）、沼虾、方笋、土鸡。小吃有磻溪手擀面、鼠曲粿、福鼎肉片等。

秋分时节是举办户外茶会的最佳时机，选择茶旅线上的美景作为茶会举办点，当年生产各种福鼎白茶的茶品，在茶会中尽显风采。秋分时节，茶气走足阳明胃经，阴气盛，阳气渐消，老白茶煮着喝、焖着喝，可调节阴阳。

四、白茶食谱

秋分菜式：茶韵养生盅

主料：鲜绣球菌、娃娃菜心、鲜黄耳、玉米段、胡萝卜。

辅料：5 年陈白牡丹、红枣、枸杞。

调料：鸡汤、精盐、家乐薄盐鲜鸡精。

制作方法：将绣

秋分菜式：茶韵养生盅（林坤庸 作）

西南

后坪村 鸳鸯草场

南广村

湖林村

知青茶园

四季盛白茶体验馆

武状元林汝浹故里

磻溪镇 双魁桥

黄岗村

福鼎

➤ **上午福鼎出发**

◆ 磻溪镇

(30公里游双魁桥、白茶文化园、四季盛白茶体验馆、武状元林汝浹故里)

◆ 黄岗村

(1959年全国茶叶生产现场会召开地)

◆ 大沁茶业十三坪知青茶园

◆ 湖林村

(参观国营湖林茶叶初制厂旧址，周鼎兴百年历史品牌)

◆ 南广村—顶山品品香农业智慧园,返程

温馨提示：
· 一顶山茶园可至鸳鸯草场，经柘荣县返回福鼎。
· 小吃有磻溪手擀面。
· 鲇鱼、方笋是磻溪的特色农产品。特别推荐白毫银针土鸡猪肚煲。

秋分

球菌用手掰成小朵状、娃娃菜取菜心部位、鲜黄耳切片、胡萝卜切成小块、甜玉米切段，然后将上述原料放入沸水锅内焯水，捞出沥干；白牡丹经过醒茶后，将叶底装入煲汤袋内，然后投入盛有鸡汤的砂锅内，用小火加盖焖泡 5 分钟，调入精盐和鸡精备用；最后将上述原料分别装入小茶壶内，注入调好味的茶鸡汤，入笼蒸 5 分钟，取出即可。

成菜特点：茶味鲜醇、汤色杏黄、淡而不薄。

五、逛茶企，选佳茗

福建省大沁茶业有限公司创建于 2014 年，坐落于太姥山西麓、风光旖旎的福鼎白茶核心原产地、国家级生态乡镇磻溪镇。公司拥有现代化高科技、全自动日光萎凋和最传统的福鼎白茶制作生产工艺流程，拥有 2300 多亩高山有机生态茶园及数百亩荒野大白、大毫茶树基地，其中大沁十三坪茶园是福鼎市最早获欧盟出口认证的有机茶园，公司是集研发、种植、生产、销售、茶旅融合、弘扬福鼎白茶文化为一体的农业产业化龙头企业。

大沁茶业坐落的磻溪镇，崇山峻岭，云雾弥漫，森林覆盖率达 88%，堪称福鼎的肺腑，大自然的氧吧。大沁茶园海拔在 450 ～ 680 米，土壤肥沃、气候宜人，属中亚热带季风气候，冬无严寒、夏无酷暑、阳光充足、雨量充沛，年平均气温为 16.4℃。因此成就了毫香浓郁、滋味甘醇的高品质大沁白茶。

大沁茶业始终秉承"做好茶，好茶不贵，回归本味"的宗旨，传承弘扬福鼎白茶的文化传统，塑造大沁白茶的品牌价值观，为努力实现现代化、标准化白茶产业化龙头企业而拼搏。

第十七章

寒露

播撒明天（林昌峰　摄）

己亥寒露玉塘赏菊茶会
费作锲

应约玉塘庄，东篱赏菊黄。
主人诚待客，壶茗暗传香。
听曲知音醉，吟诗韵味长。
优游浑不觉，一笑揽秋光。

一、寒露节气

1. 释义

每年公历 10 月 8 日，农历一般在九月，也有在八月。太阳到达 195° 时开始。

《淮南子·天文训》："加十五日指辛，则寒露，音比林钟。"增加十五日北斗斗柄指向辛位，就是寒露了，其音与十二律中林钟相对应。

《月令七十二候集解》说："九月节，露气寒冷，将凝结也。"此时气温较"白露"时更低，露水更多，日带寒意，名"寒露"。

寒露，是二十四节气中最早出现"寒"字的节气。寒露是一个反映气候变化特征的节气，进入寒露，时有冷空气南下，昼夜温差较大，并且秋燥明显。入秋

白茶献礼（杜应影　摄）

后，气候明显变化，第一步是转凉，露凝而白，就是白露，第二步变寒，露气寒冷，将凝结为霜，也就是寒露；寒露与白露节气时相比气温下降了很多，地面上的露水也更冷了，很可能成为冻露，因而称为寒露。

寒露是阳气收藏入土的最后阶段，地面上阴气渐重；天气上升，地气沉降，有清洁、肃降、收敛的特点，有利于人体降浊升清。"升清"主要通过肺吸入的自然之气，和脾胃吸收的水谷之气来濡养身体。"降浊"主要通过大小便、汗液、废气代谢，或经络疏通排出体外。

2. 气候

寒露时节，气爽风凉，少雨干燥，秋意渐浓。福鼎市平均气温 22.6℃，平均降水 53.7 毫米，平均日照 69.6 小时。此时节，除了有秋台风影响（如 2013

福鼎大白茶茶花（福鼎市茶文化研究会　供）

年 10 月 7 日在福鼎登录的"菲特"台风，也是历史上登陆福鼎的最晚台风），福鼎市常出现"秋寒"天气，如 2017 年 10 月受弱冷空气影响，14～16 日平均气温小于 23℃，14 日最低气温 18.1℃，达到"23 型"秋寒标准。2018 年 10 月受冷空气影响，10～13 日平均气温小于 20℃，12 日最低气温 13.7℃，达到"20 型"秋寒标准。

寒露（耿丽 摄）

寒露时节，茶叶经过春夏两季的养护，还在生长和抽晚秋梢之时，尚未经受低温抗寒锻炼，遇有秋寒，面对突如其来的温度陡变会受冻害，受冻严重时，茶树树皮裂伤，枝干冻枯。

3. 民俗

寒露一般在九月份，农历九月初九是重阳节。"九九"寓长久之意，二九相重，称为重九，九为阳数，故曰重阳。重阳节是传统佳节。2006 年 5 月 20 日，重阳节被国务院列入首批国家级非物质文化遗产名录。2012 年始，每年农历九月初九定为老年节。重阳节在传承发展中，以富有生命意蕴的节庆活动世代流传，设宴敬老、饮宴祈寿主题逐渐和中国传统孝道伦理相融合，成为当今重阳节日活动重要主题之一。

《福鼎县志·风俗》："重阳，登高饮茱萸酒。"九月九，登山、饮茱萸酒成为习俗。如今，登山高依然是许多人的选择，但饮茱萸酒较少，毕竟，茱萸不是当地特产。

重阳是"清气上扬、浊气下沉"的时节，地势越高清气越聚集，于是"重阳登高畅享清气"便成了民俗事项。金秋九月，天高气爽，这个季节登高远望可达到心旷神怡、健身祛病的目的。

4. 物候

黄道周《月令明义》：“鸿雁来宾，雀入大水为蛤，菊有黄华。”鸿雁排成一字或人字形的队大举南迁；深秋天寒，雀鸟都不见了，古人看到突然出现很多蛤蜊，并且贝壳的条纹及颜色与鸟很相似，便以为是雀鸟变成的；菊始黄华，秋菊花开出黄花。

福鼎候应：菊花怒放，蛳虎肥壮，御豆熟了。

农历九月又称菊月，是菊花的月份，与大多数春夏盛开的花不同，菊花越是霜寒露重，越是开得艳丽。诗云：“待到重阳日，还来就菊花。”重阳节赏菊和饮菊花酒的习俗，神话传说中菊花还被赋予了吉祥、长寿的含义。清《福鼎县志》：“菊，南方花发较北地常早一月，独菊花开最迟，盖菊宜冷也。”

《福鼎县志》：“虎蛳，《海族志》：‘文有虎斑。’”内海湾所产的蛳虎鱼，以吃活蛳而得名，志书载其身上有老虎的斑纹，当地人认为蛳虎有滋补壮阳功能。

笑靥如茶花（福鼎市茶文化研究会　供）

御豆，俗称鱼豆，亦称皇帝豆，豆类中最晚成熟，富含淀粉、蛋白质和维生素，肉质疏松鲜美，烹、炒、煮均宜，据传清代曾列为贡品，御厨称美，因而得名"御豆"。《福鼎县志》："豆，《州志》：'一种至十月熟，名曰寒江豆、御豆。'"

5. 民谚

露水先白而后寒。

注释：露水从洁白晶莹的露气转为寒冷欲凝，反映出气温的不断下降。

白露谷，寒露豆。

注释：白露时节稻谷成熟，寒露节气豆类成熟。

九月九日头跟山跑。

注释：过了九月九开始昼短夜长。

重阳无雨一冬晴。

注释：九月初九日若无雨，可预知下半年雨量稀少。

二、寒露茶事

随着气候变化，寒露节气时有病虫害发生，小绿叶蝉依然处于高峰期，黑刺粉虱繁殖第四代。这些病虫害可用博落回植物制剂、苦参碱、白僵菌、茶皂素、印楝素进行防控。

秋茶最后阶段的采收，只能适度采摘，有利于控制虫口数量；寒露过后茶芽萌发停止，为了提高来年茶叶的品质，即使有茶芽萌发，也不适宜进行采摘。

福鼎是培育国家级茶树良种基地，从1958年国营茶场诞生起，就开始为全国各省培育茶苗，因此福鼎大白茶的种苗遍布全国各产茶区。短穗扦插方式育苗技术就在国营茶场成立后日臻完善，现在，白琳、点头重点茶村都有扦插技术人员指导育苗。寒露时节，茶季结束，茶苗培育工作可以开始准备，如苗床整理、物料准备等。

白露至寒露，白茶的秋茶生产季。寒露时节北风天气比较多，适于制作白茶。看天做茶，是众多有经验茶师的共识。白露时节，生产的白茶以白牡丹、寿眉、贡眉类为主。茶叶经过夏季光合作用积累高香的化学成分，在高明的茶叶加工技师手上就能制作出独具特色的茶。

寒露时节，福鼎许多茶企为了来年茶叶品质，往往早就停止生产加工。

三、适饮的福鼎白茶

茶界专家骆少君推荐一款"土鸡白毫银针养肺汤"，用 7 年以上的白毫银针作为配伍，适合寒露季节滋阴养肺止咳，既是茶饮，又是补品。

配方：土鸡 500 克，砀山梨一个，陈年白毫银针 15 克，枸杞 15 克，冰糖 10 克。土鸡先煲至六成熟，先后加入白毫银针、砀山梨、枸杞、冰糖。

此方中老白毫银针入手少阴肺经，枸杞性平，味甘，归肝、肾、肺经；李时珍明确指出砀山梨"润肺凉心，消痰降火，解疮毒醉酒"。现代中医临床经验认为梨生食清六腑之热，熟食滋五脏之阴；鸡肉味甘，性微温，能温中补脾，益气养血，补肾益精。此方能滋阴健脾，尤其在秋燥时期，能提升肺升清功能，健脾降浊。

陈 7 年的白毫银针具有药引的功效，大大提升土鸡的补益效果，提高人体免疫力，为秋冬季来临起到"治未病"的作用。

四、白茶食谱

寒露时节阴气渐盛，阳气渐失，伤风感冒、胃病、高血压、心血管疾病等逐渐增多，需要从饮食方面进行防范；多吃咸味食物，以滋补肾气，宜多吃酸性食物来收敛阳气，少吃辛散之物，以避免损伤人体阴精。五谷类的全麦面、小麦可以健脾补虚；蔬果类的豆芽、花生、芝麻、红薯、山药、南瓜、白萝卜、白菜、百合、黑木耳、银耳、梨、苹果、葡萄、枸杞、红枣、橄榄、甘蔗等，亦可多食。

寒露菜式：白牡丹炖小鲍鱼

主料：小鲍鱼 10 个。

辅料：5 年陈白牡丹 12 克、水发红枣、鲜绣球菌、水发干贝、鲜虫草花。

寒露菜式：白牡丹炖小鲍鱼（林坤庸 作）

调料：精盐、家乐薄盐鲜鸡精、高级清汤。

制作方法：活小鲍鱼放沸水盆内焖烫 30 秒后捞出沥干，去除内脏、外壳和鲍鱼嘴，再用小毛刷刷净鲍鱼表面上的黑膜后洗净备用。将鲜绣球菌用手掰成小朵状，鲜虫草花洗净，然后分别将它们和小鲍鱼放入沸水锅内焯水，捞出冲凉备用。

将白牡丹茶叶放入茶碗内，用 95℃ 热水醒茶，浸泡约 8 秒钟倒去茶水；取一个煲汤纱袋将浸润过的茶叶装入并扎紧袋口，然后放入预先准备好的热高级清汤锅内，用文火加盖浸泡 4 ~ 5 分钟（保持茶水呈沸而不腾状态），使茶味渗出并融入汤中，捞出茶包，最后用精盐和家乐浓缩鸡汁调味，作为开汤使用。取 10 个小炖盅，分别将小鲍鱼、水发红枣、绣球菌、虫草花和水发干贝逐一放入炖盅内，然后注入调好味的白茶汤，面上辅以一支叶底点缀，加盖入笼蒸制 10 分钟即可。

成菜特点：汤色杏黄明亮、香气馥郁、甜度明显，有泉水般甘冽的甜。

五、逛茶企，选佳茗

福鼎市品农茶业有限公司成立于2012年,是一家集茶叶生产、加工、销售为一体的茶叶专业企业,基地位于福鼎市磻溪镇桑海村,环境优美,地理位置优越。公司拥有一支专业的制茶师队伍,具有精湛的制作白茶技艺,专注高山白茶20多年,拥有千亩以上高山无公害茶叶种植基地。

公司茶园地处400多米的高海拔,常年云雾缭绕,日照充足,环桑园水库而生,水源优质丰沛,有独特的气候小环境。茶园生态系统优良,土壤富含养分,茶青原料质量上乘,是典型的高山云雾茶品质。公司近500亩有机认证茶园基地,实施真正有机化规范管理,无化学农药、无化肥、无污染、无添加的生长过程,茶叶自身氨基酸、茶多酚等相比普通茶要高出许多。从采摘那一刻就开始严格按照有机标准执行,可追踪的茶叶品质,可追溯的绿色健康。

由大自然雕琢出来的工艺品,阳光下可见的新鲜欲滴,风起时可嗅的自然芳香,芳行十里沁人心脾。延续传统原始的手艺——炭焙工艺,保留至今的传承,存下来时间的味道,汇聚这一杯,举起之时,我的一颗思茶心便落在了这儿。

青山绿水有茶园（张根柱　摄）

第十八章

霜降

动车驰向白茶乡（耿丽　摄）

霜降日煮老白茶

林承雄

新开老饼煮浓茶，
雪碗冰瓯挹赤霞。
应记飞霜知节易，
不须牢落叹生涯。

一、霜降节气

1. 释义

每年公历 10 月 23 日或 24 日，农历一般在九月，太阳到达黄经 210° 开始。

《淮南子·天文训》："加十五日指戌，则霜降，音比夷则。"增加十五日北斗斗柄指向戌位，就是霜降了，其音与十二律中的夷则相对应。

《御定月令辑要》："《三礼义宗》：九月霜降为中露，变为霜，故以为霜降节。"霜降时节，万物毕成，毕入于戌，阳下入地，阴气始凝，天气渐寒始于霜降。霜降节气后，深秋景象明显，冷空气南下越来越频繁。就全国平均而言，霜降，是一年之中昼夜温差最大的时节，早晚天气较冷、中午则比较热，昼夜温差大，秋燥明显。

直播带货（刘学斌 摄）

2. 气候

霜降节气后，天气渐渐变冷，昼夜温差变化大，冷空气越来越频繁，干冷空气逐渐扩大范围，暖湿空气已被边缘化，一次次的降温预示着冬天的临近。

霜降期间，福鼎市日平均气温 20.0℃，平均降水 19.6 毫米，平均日照 86.4 小时，日最低气温 5.0℃。霜降，是福鼎市降水量最少的节气，此时，除了需防范"霜冻"，还要防范"秋旱"的危害。近十年霜降期间发生"秋旱"4 年，如 2012 年 9 月 28 日至 10 月 27 日，连续 30 天无降水，出现旱兆；2014 年 10 月 1 日 至 11 月 1 日，连续 32 天无有效降水（日雨量 ≤ 2.0 毫米），出现小旱；2017 年 10 月 16 日至 11 月 5 日，连续 21 日无有效降水，达到旱兆；2020 年 10 月 6 日至 11 月 26 日连续 52 天无有效降水，达到中旱。

3. 民俗

霜降时节，晒制番薯粉（地瓜粉）成为福鼎农村的习俗。

《福鼎县志》："明万历甲午岁荒，巡抚金学曾从外番勾种归，教民种之，以当谷食。"福鼎山多地少，适合种植番薯，番薯能当粮食，成为粮荒时期的主粮；但是，生番薯不能长久存放，智慧的福鼎农民通过晒番薯米的方式，供来年稻米没上市时食用。晒番薯米，用特殊工具，把番薯"推"成丝条状，用水浸泡后，把番薯米放在日光下晒干，储存成为家中的粮食。番薯浸水后淀粉沉积，可

茶山流韵（汤小敏　摄）

以晒制番薯粉。番薯在旧时是主粮，因此地瓜粉往往被蕉芋粉替代。蕉芋粉，福鼎方言叫藕粉，蕉芋的块茎与番薯一样，可提取淀粉，蕉芋不能当成粮食，专门用来晒制淀粉。

近年来，番薯种植面积较少，蕉芋基本没种，管阳、叠石一带番薯品质尤佳，许多农户种番薯，除了少量新鲜食用，大量用来晒番薯粉，保留着晒制习俗。

在福鼎农村过"新米节"，立秋至霜降，挑选一个黄道吉日来过一个"新米节"。当天，先把白米泡在清水里一两个小时，装进饭甑里，饭熟了，用五个碗装上满满的白米饭，虔诚地在每碗的米饭上都插上一炷香，两碗米饭供在屋内灶神的龛位上让灶公灶婆享用，三碗放在院子外面的墙头上以供天上的神仙，仪式后邀请亲戚和左邻右舍围坐推杯换盏，兴高采烈地庆祝今年的收成。

4. 物候

黄道周《月令明义》："豺乃祭兽，草木黄落，蛰虫咸俯。"霜降节气一到，豺狼开始捕杀禽兽，草木枯萎败落，冬眠动物已经全部躲藏起来了。

福鼎候应：茶树花开，头水紫菜上市，白琳柿采摘。

福鼎菜茶、福鼎大白茶与福鼎大毫茶的茶树都会开花。福鼎菜茶是群体树种，也是有性群体种，其花期一般在霜降后；福鼎大白茶是二倍体，也是培育优质茶树品种的母本树种，花期在 10 月至次年 2 月；福鼎大毫茶是三倍体，有开花但不结果。

《福鼎县志》："《吴都赋》：'纶组紫绛。'注：'紫，紫菜也。'"紫菜在福鼎有原产野生石兰紫菜，现养殖品种为条斑紫菜与坛紫菜。紫菜是适合低温海水的藻类，养殖苗一般在 8 月份下水，霜降时节第一茬紫菜上市，鲜嫩可口，营养丰富。

福鼎柿子产区主要在白琳、磻溪、点头等乡镇。白琳柿，果实硕大如杯，皮薄且光滑，核少，肉质柔嫩适中。柿树一般 3 月开花，5 月坐果，10 月成熟，霜降日是采摘柿子的季节。

白琳柿与其他产地的柿，食法有较大的区别。许多柿子从树上采摘后有的直接就可食用，有的削皮晒制成柿饼。白琳柿采摘后，必须用利器穿破柿果的中心部位，破坏柿果的组织，然后在柿中心位置插上柿梗（常常用油麻梗），放在谷皮或棉被内保温，经历 48 小时后，柿子由绿变红，方可食用；否则吃起来既麻且涩。

5.民谚

霜降前，薯刨完。

注释：霜降之前番薯、芋头都要从地里挖出储存。

茶园秋色（尤才彬 摄）

寒露种菜，霜降种麦。

注释：寒露时节开始种菜，霜降播种小麦种子，来年春季收成，如寒露节气播种蔬菜种子，霜降就播种冬小麦。

白露白，寒露赤，霜降割来呷。

注释：白露时节水稻开花，出现白色，寒露开始结果了，稻谷变成赤色，霜降收割稻谷入仓。

二、霜降茶事

霜降时节全年茶叶采摘基本结束，茶园开始深耕结合施基肥，深耕深度20 ～ 30 厘米。基肥施用以发酵完全的菌肥为主，并测土配方增加部分微量元素。成龄茶园亩施 300 ～ 600 千克，开沟施入。幼龄茶园亩施 100 千克腐熟菜饼 + 喷施复合菌剂，开沟施入。施肥也可利用水果酵素、草木灰等自然增肥的科学茶园管理模式，保证良好的自然生物链环境。

此时，小绿叶蝉、黑刺粉虱第四代还会发生。用病毒及病原微生物防治，首选植物源博落回制剂，或楝树碱、乌桕叶汁、除虫菊等进行防治，使用剂量按说明执行。茶园秋冬季节管理的好坏直接关系来年茶叶的产量和品质，以及茶园的长远效益。修剪茶树，将树冠面上部 15 厘米的一层枝叶或于 80 厘米高度处进行平剪。剪平后，为防止越冬病虫源，减少明春病虫害的发生，还要清理剪下的茶树枝杈。茶园有间种花类的，要对园内樱花、梅花等植物进行养护，为园内繁衍的鸟类提供一定的越冬条件，通过培育害虫天敌，利用生物治虫或者以虫治虫等方式实现全园有机化、生态化管理。

当年生产的茶叶经过夏季与秋季的养茶后，要进行精制。精制过程基本程序：毛茶→捡剔→风选→匀堆→提香→装箱→成品。

三、适饮的福鼎白茶

适饮的茶类就是老白茶。在福鼎民间，茶人认为陈 3 年的福鼎白茶就是老白茶。2021 年新修订的老白茶标准，其定义："在阴凉、干燥、通风、无异味且相对密封避光的贮存环境条件下，经缓慢氧化，自然陈化五年及以上、明显区别于当年新制白茶、具有'陈香'或'陈韵'品质特征的白茶。"当然，年份越陈的老白茶陈韵就越突显。

"老白茶，煮着喝""老白茶，焖着喝"在福鼎已经成为一种当下的流行。"围炉煮茶"则是时下兴起的业态。自霜降时节至来年雨水季节，都适合煮茶、焖茶。一杯热的老白茶汤可以通经活络，又可驱散严寒，在逐渐寒冷的北方，更适合围炉煮老白茶，让老白茶的花果香、枣香、药香、木香、参香、茶香弥漫空间，沁人心田。

四、适游的茶旅线

贯岭、叠石、管阳是福鼎市生态美丽乡村景观带之一，这条线路有贯岭文洋品品香有机茶基地、管阳河山品品香有机茶基地、西昆孔家儒茶文化基地。这条茶旅线路有着深厚的文化积淀、自然景观和红色遗迹。

闽越古道从贯岭分水关、叠石关经过，早在五代时期，因其优越的战略位置，闽王王审知在此修筑叠石、分水关隘，现已列入福建省第五批文物保护单位。刘英、粟裕曾带领闽浙边省委在贯岭的茗洋、叠石的竹阳留下革命的足迹，境内有"红茗洋"纪念馆和竹阳红色村落等革命遗迹。贯岭茗洋也是福鼎栀子主产区，拥有连片万亩栀子基地。叠石竹阳拥有丰富的畲族民俗文化，保留有宋代的银硐洞窟遗址。管阳西阳村被国家林业和草原局命名为第一批国家森林乡村，村里的老人桥是福鼎市唯一木构编虹梁式廊桥，有西阳赶墟、西阳线狮等民俗文化。西昆是国家级历史文化名村、中国传统村落，保留有西昆祭孔仪式和儒茶文化，还有管阳雁溪冰臼与叠石会甲溪氡泉等自然景观。贯岭、叠石、管阳乡镇茶园面积大，产茶历史悠久，结合旅游线路体验茶文化。

本线路特产：土鸡、溪鱼、沼虾、毛蟹、菜干等。主要美食：贯岭牛蹄、牛杂，栀子花炒蛋，叠石咸猪蹄、兔子粑。小吃类：管阳泥鳅面、西阳福鼎肉片、土豆

西

西昆孔家

河山品品香有机茶基地

叠石乡会甲溪氡泉

管阳镇

叠石乡竹阳茶庄园

贯岭镇分水关

茗洋村红色基地

福鼎

➤ 上午福鼎出发

◆ 管阳镇（25公里）

◆ 河山品品香有机茶基地

◆ 西昆孔家儒茶文化基地和儒茶文化

◆ 叠石乡会甲溪氡泉

◆ 叠石乡竹阳茶庄园

◆ 贯岭镇分水关

◆ 茗洋村红色基地与茶园

温馨提示：

· 小吃有福鼎肉片（西阳猪肉丸），管阳泥鳅面，叠石咸猪蹄，贯岭牛肉丸。

· 叠石与泰顺交界，有氡泉酒店可泡澡。

· 可选择另一条茶旅线：到佳阳乡天湖山茶园、鼎台后阳茶庄园、泰美茶庄园。

霜降

霜降菜式：茶柿如意（张友会　作）

饼、炒地瓜粉溜溜。

五、白茶食谱

霜降菜式：茶柿如意

主料：铁棍山药 500 克。

辅料：5 年陈以上贡眉 12 克、水发冬桃胶、柿饼。

调料：黄糖、三花植脂淡奶油、炼乳、矿泉水等。

制作方法：将铁棍山药去皮洗净切段，放入笼内蒸熟，取出用锅铲捣成泥，加入三花植脂淡奶油和炼乳搅拌均匀备用；将贡眉用 95℃的热水醒茶约 10 秒钟，倒去第一道茶水，然后将叶底装入煲汤袋内并扎紧袋口；将砂锅内的矿泉水用大火烧开，投入贡眉茶包、水发冬桃胶和黄糖，小火煮至入味，捞出桃胶晾凉备用；柿饼用刀切成小块，然后用刀拍扁备用；取一张保鲜膜置于案板上，用汤匙打上一勺山药泥压平，铺上一片拍扁的柿饼和一粒冬桃胶，将保鲜膜四角收起，包捏成柿子的形状，然后打开保鲜膜，用柿子的蒂把盖在山药泥的收口处，最后撒上一层白茶粉进行二次补味，摆盘即可享用。

成菜特点：形态小巧逼真，茶香鲜嫩微甜。

六、逛茶企，选佳茗

福鼎市西坑孔家茶业有限公司位于管阳镇西昆村，西昆村为江南孔氏后裔第一村，国家级历史文化名村。孔氏家族从清朝早期就开始对当地特产白茶的种植品种进行研究，精心研制出上好白茶，向曲阜孔府专供各种白茶。先祖孔昭淦是光绪时期的进士，废除科举后出任福鼎官立高等小堂堂主，积极改良私塾。福鼎盛产白茶，在茶叶贸易中与洋商时有纠纷，商界一致推举孔昭淦为总理与洋商交涉，争取运载利益贡献显著。

公司在当地拥有5000余亩茶园，其中180多亩为放养型野生茶园，地处海拔850~1000米，

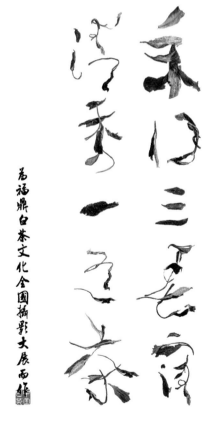

咏茶联（王鼎明 摄）

至今还采用手工拔草、手工修路的原始做法，是福鼎市公认唯一的一整片保存最好的原始野生茶园。

　　公司十分重视生态茶园建设。2013 年在西昆村万亩山茶园基地一期项目开荒了 700 多亩高山生态茶园基地，2014 年二期项目又开荒了近 500 亩。公司以传统自然农耕的方法来管理高山生态茶园，1000 多亩的高山生态茶园基地不施化学农药与打除草剂。公司下重金研发了以蔬菜和瓜果发酵的酵素液和酵素渣，用于茶园施肥和防治病虫害；完全用农用工具和人工除草。利用环保酵素培育的白茶是真正纯天然、无污染、质量安全的白茶。

第十九章

立冬

茶苗扦插正当时（郑雨景　摄）

立冬、日见扦插茶苗

庄纯穗

黄土成畦雾雨天，
村姑戴笠整苗田。
初冬手冻心扉暖，
祈盼来春好卖钱。

一、立冬节气

1. 释义

每年公历在 11 月 7 日或 8 日，农历一般在十月，也有的在九月。太阳黄经达 225°开始。

《淮南子·天文训》："加十五日指蹄通之维，则秋分尽，故曰有四十六日而立冬，草木尽死，音比南吕。"增加十五日北斗斗柄指向蹄通之维，那么秋季终了，所以说有四十六日而立冬，草木全部枯死，其音与十二律中的南吕相应。斗柄指向蹄通之维，蹄通就是西北方向。

茶窖影像（潘光生 摄）

《月令七十二候集解》中对"冬"的解释是："冬，终也，万物收藏也。"意思是说秋季作物全部收晒完毕，收藏入库，动物也已藏起来准备冬眠。立冬是表示冬季开始，万物收藏，规避寒冷的意思。

立冬是季节类节气，表示自此进入了冬季。立，建始也；冬，终也，万物收藏也。一年阳气生、长、收、藏，立冬是藏的开始，藏是万物万事运行的根基。立冬，意味着生气开始闭蓄，万物进入休养、收藏状态。其气候也由秋季少雨干燥向阴雨寒冻的冬季气候转变。

2. 气候

立春、立夏、立秋、立冬合称"四立"，是反映四季更替的节气。立冬，象征着冬季来临。立冬时节，气温容易暴跌，是一年中气温下降速度最快的时节。此时，北半球获得的太阳辐射越来越少，西伯利亚高压和蒙古高压强度明显加强，

天湖山茶园（施永平　摄）

冷锋频频南侵，常带来大风、降温等天气，但对茶树生长发育影响不大。

立冬后日照时间将继续缩短，正午太阳高度继续降低。冬季普遍盛行东北风和北风，气温逐渐下降，由于地表贮存的热量还有一定的能量，所以一般初冬时期还不是很冷。天文学上冬季的开始是立冬这天，根据按气候学标准划分，我国在立冬后 20 天才入冬。

立冬期间，福鼎市平均气温 18.0℃，比霜降低了 2℃，降温也常伴有降雨，平均降水 34.6 毫米，比霜降多了近 1 倍，平均日照 63.5 小时。

3. 民俗

旧时有迎冬习俗，皇帝领大臣们迎接立冬节气到来，表明立冬节气重要性。《淮南子·时则训》："立冬之日，天子亲率三公九卿大夫，以迎岁于北郊。"

福鼎民间十分重视立冬节气，老百姓普遍认为立冬当天吃人参、鹿茸等滋补药，或者煲土鸡、土鸭、羊肉、狗肉、牛肉等阳气盛的食品，能够使整个冬天气血旺盛，来年气血两旺。

立冬俗称为"交冬"，家家户户都有进补之习俗，而且要在立冬节气的时辰到来之际进补，俗称"补冬"。"冬天进补，开春大虎。"在福鼎，食补一般用鸡、鸭、羊肉等，与中药当归、党参、黄芪等一起煲，增加药补的功效；或者直接以参茸来补气。立冬当天福鼎到处弥漫着当归、参茸药材散发的香气。

4. 物候

黄道周《月令明义》："水始冰，地始冰，候雉入大水为蜃。"水流开始结冰，大地开始上冻，野鸡进入淮河水变成蛤蜊。这是古人的误解。

福鼎候应：寒兰花开，湖蟹出，采摘四季柚。

福鼎兰花品种多样，其中寒兰是福鼎当地特产，生长在山野间，立冬时节正是其淡雅的花开时节。

湖蟹是福鼎方言，学名中华绒螯蟹，与太湖的大闸蟹同类。生长在淡水中，大的长达 7 寸，与太湖大闸蟹可相媲美。由于其具有洄游产卵、昼伏夜出的习性。旧时捕捞湖蟹一般在深夜用灯火照明捕捉，或者在小溪搭建小草棚，湖蟹爬上草

云中茶园（施永平　摄）

棚栖息时捕捉。立冬是食用螃蟹的好时节，此时蟹味美肉鲜。

福鼎前岐因盛产四季柚被誉为"四季柚之乡"。四季柚一定要"立冬"采收，才耐藏耐运。四季柚，四季开花，四季结果，挂果时间长达半年以上，能充分吸收大气、土壤中的养分，可谓"吃透了四季之雨水"。四季柚其表面光滑，皮薄籽少，气味芳香，肉嫩味美，清甜可口，营养丰富，含有柠檬酸和多种维生素，不仅是果中珍品，而且可以药用；具有滋阴养血，清热降火，开胃理气，消食解酒，祛风降压，清肺止渴，降低胆固醇等特异功能，经济价值很高，被人们誉为"世界奇果"。

5. 民谚

立冬之日怕逢壬，来岁高田枉费心。

注释：立冬日之天干逢壬字，来年高处之田有歉收之虞。

立冬食蔗齿不痛。

注释：立冬时节甘蔗上市。

立了冬，把地耕。

注释：立冬后耕地，对来年的农作物生长有利。

立冬无雨一冬晴。

注释：立冬当天没有下雨，冬天基本是晴朗天气。

立冬晴，柴米堆满地；立冬雨，柴米贵似灵丹药。

注释：立冬晴天，粮食丰收；立冬下雨，粮食减产价高，贵似灵丹药。

立冬若遇西北风，定主来年五谷丰。

注释：立冬刮起西北风，来年风调雨顺、五谷丰登。

二、立冬茶事

立冬时节，农闲时茶园管理不能放松，应补充一年中消耗的氮磷钾等元素。要对茶园进行深耕或中耕施肥，施肥前挖土 20 ~ 30 厘米（深耕）或 10 ~ 20 厘米（中耕），然后沿茶缝边缘滴水线开沟，施有机肥后旋即盖土。秋冬季树体营养物质的积累对翌年春梢萌发起着重要作用，秋茶结束后施用基肥，茶树入春后表现出生长旺盛、叶片肥厚、茶叶提早上市；茶叶的外观好看、香味浓厚纯正、口感好，不仅增产而且提高了茶叶的等级。

茶树修剪十分重要，对采摘面过高、茶蓬面不整齐、鸡爪枝多、茶叶瘦小、产量不高的茶园，要采取深修剪来恢复树势，立冬时节，剪去树冠面上部 15 厘米的一层枝叶或于 80 厘米高度处进行平剪。

修剪茶树是一项技术活。新植茶园当年不修剪，翌年茶树长高到 25 厘米以上时，进行第一次定型修剪，剪口离地面 10 ~ 12 厘米。剪去主干，侧枝不剪，注意留外向侧芽，要求剪口平滑，无裂口。

当二级分枝长至 30 厘米时进行第二次修剪，第二次定型修剪在离第一次修剪口上提高 12 ~ 15 厘米。当三级分枝长至 30 厘米左右时，再进行第三次修剪，在离第二次修剪口上 15 厘米修剪。经过 3 ~ 4 次修剪后，茶蓬基本达到骨架形成，以后再进行打顶采摘、轻剪进一步培养树冠及采摘面。

立冬后是茶苗扦插的最佳季。农闲时分，一般扦插茶苗需要农田整畦，以酸性黄壤覆盖表面，利于茶苗生根。

三、适饮的福鼎白茶

老白茶煮着喝、焖着喝，适合立冬时节品饮。选用陈 10 年的白牡丹，陈放 10 年左右的白茶用煮茶壶蒸煮泡，白茶香气四溢，又能温暖茶人之心。为了方便饮用，用焖茶壶来泡老白茶，是当下比较流行的方法。

陈放 10 多年的白茶，茶性发生很大的变化。茶多酚的儿茶素与茶氨酸发生酶促反应，产生大量的 EPSF，简称"老白茶酮"。老白茶的魅力就在于茶中的各种化合物依然在变化，芳香类物质变化层出不穷，因此在香气方面表现出枣香、药香、粽香、荷叶香。老白茶明显区别当年新制的白茶，具有"陈香""陈韵"的品质特征。

《茶道经》载："立冬时节，茶气走足厥阴肝经。"品饮陈 10 多年白牡丹，茶气能否走足厥阴肝经，因为没有经过实验不敢肯定；但喝经煮过的陈年白茶，会使你全身冒汗，背部甚至头部都有茶气游走的感觉。

四、白茶食谱

人体此时阳气也深深潜藏在内，为来年做准备，人体阳气内敛，阴气旺盛，正是进补的最佳时期。多吃些牛、羊肉进补称为补冬，饮食上也要以温热为主，以御寒保暖，用较为温补的药膳来养阴潜阳。立冬时气候寒冷，气温变化大，气压高，空气干燥，在这种情况下，人体内血液黏稠度增高，血流速度减慢，血管收缩时间相对延长，因此要少吃寒凉食物，以免诱发疾病。宜吃的食物有鱼肉蛋奶类、牛肉、羊肉、乌鸡、鲫鱼、牛奶等属于温热食物，能御寒补阳；蔬果类白萝卜、白菜、黑木耳、黑芝麻、核桃、桂圆等有助阳补肾的作用。

立冬菜式：茶熏羔羊排

主料：羔羊排 600 克。

辅料：老寿眉 15 克、胡萝卜、洋葱、西芹。

调料：精盐、鸡精、白糖、老抽、干辣椒、姜块、葱段、八角、桂皮、老陈皮、豆蔻、矿泉水、红糖、老酒、大豆油等。

制作方法：将羔羊排砍成小块，放入冷水锅内焯水，捞出后用自来水冲洗干净；锅烧热，先下入大豆油、姜块、葱段、洋葱用中火炒香，再下入羔羊排、老抽、老酒用大火炒上色，然后下入胡萝卜、西芹、八角、桂皮、老陈皮、豆蔻、

立冬菜式：茶熏羔羊排（郑贝贝　作）

干辣椒、精盐、鸡精、白糖和矿泉水，用大火烧开后，转小火烧制 1 小时左右至肉质脱骨，捞出备用。将干茶枝、老寿眉（干散茶）和红糖铺在铁锅内，放上一个不锈钢蒸片，然后放入熟羔羊排加盖密闭，用小火熏制 8 分钟左右，揭盖出锅摆盘即可。

成菜特点：色呈焦黄、茶熏浓郁、富有特色，是白茶宴制作技艺呈现中"吃茶不见茶"的一重境界表现。

五、逛茶企，选佳茗

福建省广福茶业有限责任公司集种植、加工、销售、出口一体化经营，是福建省农业产业化省级重点龙头企业，中国茶业行业百强企业。公司已取得工业产品生产许可证、ISO 管理体系和 HACCP 体系认证、出口食品生产企业证书，企业拥有自主进出口权，公司成立至今多次被市政府评为纳税"功勋企业""明星企业",是宁德市同行业中出口创汇和缴纳国家税收大户。

公司旗下子品牌广福心道依托福鼎现存唯一的 1957 年湖林国营茶厂,在福鼎白茶黄金产区——磻溪镇拥有平均海拔高达 450 米以上的 2 万余亩绿色茶园和 3500 余亩自有茶园,和位于福鼎白茶特色小镇——点头镇的全自动智能生产流水线,产品始终保证高质量输出。

广福心道以"老茶厂,老白茶"为理念,拥有丰富老茶储备,坚持传统工艺制茶,致力于为茶友还原记忆中的白茶古早味。

公司产品远销北美、俄罗斯、欧盟、澳大利亚、北非、东南亚等 30 个国家并建立广泛的经销联盟,茶叶品质获得赞誉,被中国国际保护消费者权益促进会评为"重质量、守诚信优秀示范单位",是福建省进出口质量诚信企业,获评最受港澳茶客欢迎"中国茶叶品牌"。

古道茶亭(林秀链 摄)

第二十章

小雪

晨雾（郑雨景　摄）

小　雪

张海云

冷峭江南小雪天，
围炉好友煮清泉。
神奇一叶同分享，
半是闲人半是仙。

一、小雪节气

1. 释义

每年公历 11 月 22 日或 23 日，农历一般在十月。十月为阴月，小雪就是天地积阴的节气，天气积阴，温则为雨，寒则为雪。小雪，是寒未深而雪未大也。太阳到达黄经 240°开始。

《淮南子·天文训》：“加十五日指亥，则小雪，音比无射。”增加十五日北斗斗柄指向亥位，那么便是小雪了，其音与十二律中的无射对应。

《易经》：“坤卦：厚德载物。初六：履霜，坚冰至。”《象》曰：“履霜坚冰，阴始凝也。驯致其道，至坚冰也。”《易经》中消息卦十月对应的是坤卦，其初六爻取象于自然中从秋天之薄霜到冬天之坚冰的过程，来比喻人之厚德的形成非朝夕之功，是日积月累的结果。

大地调色板（耿丽　摄）

《御定月令辑要》："《三礼义宗》：十月，小雪为中者，气叙转寒，雨变成雪，故以小雪为中。"小雪为中气，大雪为节。

2. 气候

小雪，和大雪、雨水、谷雨一样，都是直接反映降水的节气。雪小，地面上又无积雪，这正是小雪这个节气的原意。小雪时节，冷空气活动频数开始增多，常出现强降温天气过程，天气逐渐转寒，但在福鼎，小雪节气从未有雪。

小雪时节，福鼎市日平均气温 15.4℃，平均降水 32.5 毫米，平均日照 50.4 小时，极端最低气温 –1.1℃。

"雪"是水汽遇冷的产物，代表寒冷与降水，这时节的气候寒未深且降水未大，故用"小雪"来比喻这时节的气候特征。"小雪"是个比喻，反映的是这个节气期间寒流活跃、降水渐增，不是表示这个节气下很小量的雪。小雪是反映降水与气温的节气，它是寒潮和强冷空气活动频数较高的节气。小雪节气的到来，意味着天气会越来越冷、降水量渐增。

福鼎大毫茶茶花（福鼎市茶文化研究会 供）

3. 民俗

福鼎依山傍海，海域面积远远超过陆地面积，鱼类资源丰富。在农耕时代，进入初冬季，渔民出海捕捞鱼货丰收，储存海鲜产品无法用现代冷冻、冷藏的方法，沿海渔民为了把新鲜的鱼和各类海产品保存更长时间，会把鱼类与海产品晒干储存，以至于传承、延续为习俗。

在小雪前后，有晒制鱼干传统。把鱼内脏去除用盐腌制后晒干，或把鱼内脏去除直接晒，无需用盐，主要是这个时期气候宜晒制鱼类与海产品。小雪时节，降雨量很少，沙埕、嵛山岛、店下、前岐等沿海地带更是少雨，如果遇上北风天气，晒制的海产品更佳。

福鼎的海洋性气候通风透气性好，适于晒制农副产品，晒白茶、晒番薯米、晒海产品。

4. 物候

黄道周《月令明义》："虹藏不见，天气上腾，地气下降，闭塞而成冬。"彩虹隐藏不再出现，阳气上升，阴气下降，阴阳不交，万物失去生机，成为寒冷冬天。

福鼎候应：茶梅初开，鲻鱼当令，板栗成熟。

茶梅叶似茶、花如梅而得名，是山茶科山茶属小乔木，嫩枝有毛。体态秀丽、叶形雅致、花色艳丽、花期长，自小雪初开至翌年 3 月，树型娇小、枝条开放、分枝低、易修剪造型，为盆栽名花。

鲻鱼，福鼎人称之为鲫鱼仔，产于内海湾，小雪节气后盛产，味美。

《福鼎县志》："椎，《府志》：'曾师建记作锥，以其末锐如锥也。生山林间，苞似果而小。一名槠。'"板栗，又称锥栗，文献中称为椎。小雪时节，板栗成熟，种仁肥厚、味道好、营养丰富，是秋冬季最受欢迎的干果。

5. 民谚

冬吃萝卜夏吃姜，不用医生开药方。

注释：进入冬季后，萝卜特别甘甜。冬吃萝卜夏吃姜，可提高人体免疫力，不容易生病。

到了小雪节，果树快剪截。

注释：修剪果树，有利于来年果实丰收。茶树也一样，修剪是必不可少的。

时到小雪，打井修渠莫歇。

注释：小雪后，相对农闲，水利设施建设都是为来年的农事做准备。

二、小雪茶事

茶苗进行短穗扦插。自 1954 年，福鼎农科所江孝喆、郑秀娥等人经过实验，利用茶叶短穗扦插育苗取得成功，改变原来用分株、压条方式繁殖茶树苗的无性繁殖方式。1958 年成立的福鼎国营茶场就是为培育茶树苗，推广优质、国优茶树品种——福鼎大白茶、福鼎大毫茶而设立的茶场，国营茶场培养大量的育茶苗人才，因此白琳、点头一带成立专业合作社培育茶树苗。小雪节气后，白琳、点头一些专业培育茶苗的茶农就开始整理苗圃，有红、黄壤平铺育苗床，短穗基本

气象科技赋能（陈婷　摄）

茶枝修剪（朱乃章 摄）

保留一芽一叶一枝条，进行人工扦插。待来年茶苗生根发芽长成苗后，起苗移栽，用于本市茶园更新，更多茶树苗向外省茶区运送。

清除茶园枯枝，同时要对茶园地面进行覆盖。可采用秸秆、青草、修剪的茶枝叶覆盖，这是茶园墒情保护的重要管理技术措施，简单易行；能有效起到保持水土、抑制杂草生长、以草防草、综合防治病虫害、调节土壤温度、提高土壤肥力、显著改良土壤理化性状和微生物群落等作用，对于低幼龄茶园尤显重要。种植覆盖作物，在茶树行间播种蔓生或矮茎豆科绿肥、牧草等作物，或让其自然生草，不仅能收到较佳的覆盖效果，还可提高土地利用率，减少中耕除草次数，节约劳力，降低成本，实现增产增收。

随着气温下降，茶树生长将进入休止期，病虫害发生减少。茶叶农事的重点是封园和苗圃管理。封园，要深入田间观察，基本无病虫害现象的茶园，即可进行封园。小雪时节，茶树地上部分慢慢休眠，转为地下部分根系生长明显。茶树营养往枝干、根系运输，存储起来供来年春茶生产。

福鼎白茶加工设备更新或升级。随着工业化生产白茶程度的提高，对白茶生产加工的设施要求更高。茶企根据春茶与秋茶生产时出现的问题进行相应改进，为明年生产打好坚实基础。

三、适饮的福鼎白茶

适饮陈 10 年的白毫银针。10 年以上的老银针，先用紫砂壶冲泡，紫砂壶的壶型要选择口大、壶身直的。老白茶后期更多的是在表达水感，紫砂冲泡的茶汤会更温和、饱满，更能将老银针特有的参汤感表达出来。冲泡茶水比率 1：30，浸泡时间 30 秒左右，水温用 100℃，随泡茶次数增加逐步增加时间。

品鉴一款老银针也可以用盖碗。陈 10 年以上的白毫银针可以经过盖碗泡 3～4 泡，既可醒茶，又可以品饮出陈年白毫银针的毫香蜜韵。然后把冲泡过的白毫银针叶底用热水煮。老白茶煮着喝，已经成为当下泡饮白茶的基本方法。

当年生产的白毫银针属阴茶，但存储 10 年的白毫银针茶性已经转平，如若用煮茶器煮着喝，茶香热气会把寒气吹散，煮后的茶汤走心包经，直透心包。

四、白茶食谱

小雪菜式：茶韵牛肋骨

主料：雪花牛肋骨。

辅料：雪芽、甜豆仁、韩式泡菜。

调料：福鼎老白茶（陈年寿眉）30 克、精盐、鸡饭老抽、生抽、花雕酒、韩国幼砂糖、蚝油、双桥味精、家乐鸡粉、草果、桂皮、八角、豆蔻、香叶、洋葱、生姜、大葱、水。

白茶泡沫：老白茶水、柠檬汁、盐、卵磷脂，用高速泡沫生成器混合搅拌备用。

制作方法：将雪花牛肋骨放置在常温下自然解冻后，再放入冷水锅中焯水去除血水，捞出洗净备用；用 95℃ 左右热水将老白茶冲洗一遍约 8 秒钟，倒去茶水，取一块纱布将冲洗好的茶叶和草果、桂皮、八角、豆蔻、香叶包起来备用（注意不要将纱布包得太紧）；锅置火上烧热，下入色拉油、洋葱、生姜和大葱用中火炒香，然后加入水、盐、鸡饭老抽、生抽、花雕酒、韩国幼砂糖、蚝油、双桥味精、家乐鸡粉、老白茶香料包和牛肋骨大火烧开后，转小火慢烧至熟，捞出料渣弃用，再转大火收汁至色泽发亮，捞出去骨，用刀将牛肋肉切成1厘米厚的片状。

将雪芽和甜豆仁焯水后捞出沥干水分，锅置火上加入色拉油烧热，倒入雪芽和甜豆仁，下入盐、味精和白糖，调好口味翻炒均匀出锅，用汤匙打入盘内垫底；然后把烧好的牛肋肉放在其上方，最后用白茶泡沫、韩式泡菜、白茶嫩芽和食用花草点缀即可。

创意特点：老白茶与牛肉结合能祛除荤腥、增香提色，瘦而不柴、肥而不腻，其茶气清幽浓郁，滋味浓醇幽雅；白茶泡沫是运用分子料理技术制作而成的老白茶茶汤泡沫，洁白轻盈，如雪似棉，营造出一种云蒸霞蔚的奇幻意境；具有清热降火、利尿排毒的健康养生功效。此道菜肴被宁德市商务局列入"特色文旅宁德宴"十大名菜之一。

小雪菜式：茶韵牛肋骨（李齐养　作）

培育茶苗（郭建生　摄）

五、逛茶企，选佳茗

别茶道，草创自福鼎太姥山，专注于地道、正宗的传统福鼎白茶。别茶道工作人员自称"别茶人"，语出白居易诗："不寄他人先寄我，应缘我是别茶人。"别茶人是能鉴别茶叶（品质优劣）的人。

2002 年，开始深耕太姥白茶山，勘察孕育生态茶园。2006 年，开设兰亭茶苑茶馆，以分享好白茶为己任。2009 年，成立别茶道太姥山店，品牌形象正式面市。2014 年创办"二十四节气生活茶会"。2020 年，开始布局全国茶叶市场。

基地位于太姥山西南麓、"白茶故里"方家山，占地 600 多亩，平均树龄 50 年以上，生态环境优越，平均海拔 600 ~ 800 米，常年云雾缭绕。海洋交接性高山气候，赋予白茶甘洌柔美的"芝兰香"。公司坚守传统工艺，非遗技艺古法制茶，自然农法日晒精制，经过 72 小时竹匾日晒、复式萎凋，以阳光能量，成就饱满毫香。炭焙工艺，是别茶道独家特有的传统古法。

别茶道立足于现代派高端精品白茶，专注于品鉴、分享好白茶。别茶道通过对产品品质的精细打磨、对生活茶道的深度推广，连接原产地、消费者、藏茶岁月、饮茶空间等多个维度，构筑多元的精品白茶体验方式。

第二十一章

大雪

扦插茶苗（郑雨景　摄）

大雪日宿太姥摩霄庵

宋志诚

摩霄中夜六花临，
新霁晨光君可吟。
古寺红梅询客意，
一瓯绿雪半浮沉。

一、大雪节气

1. 释义

每年公历 12 月 7 日或 8 日，农历一般在十一月，也有在十月。太阳到达黄经 255° 时开始。大雪为一年之中的阴极也，诸阳皆封，气难出。

《淮南子·天文训》："加十五日指壬，则大雪，音比应钟。"十五日北斗斗柄指向壬位，那么便是大雪了，其音比与十二律中的应钟相应。

《御定月令辑要》："《三礼义宗》：十一月，大雪为节者，行于小雪为大雪。时雪转甚，故以大雪名节。"二十四节气，分别分为节气和中气，单数的叫节气，双数的叫中气，各有 12 个。小雪为中气，大雪为节气。

很多人对"大雪"望文生义，认为大雪是雪大的意思，其实并非如此。大雪是指降雪或者积雪的概率增加了。

闲尝梅花茶（耿丽　摄）

2. 气候

大雪时节，白昼更短，天气愈寒，气温愈低，北方开始出现大幅度降温天气，我国大部分地区都披上冬日的盛装，但在福鼎，大雪基本没下雪。

大雪时节，福鼎市平均气温 12.5℃，平均降水 29.4 毫米，平均日照 54.8 小时，极端最低气温 −3.1℃。近十年大雪期间共发生 3 次寒潮天气过程，极端最低气温市区以 2021 年 12 月 18 日 0.1℃ 为最低，各

雪漫茶山（林昌峰　摄）

乡镇极端最低气温以管阳镇 12 月 2 日 −2.8℃ 为最低。

大雪节气标志着仲冬时节正式开始。大雪节气的特点是气温显著下降，大雪节气是一个气候概念，实际上，大雪节气下雪量并不是最大。

3. 民俗

福鼎是个包容的小城，佛教、道教、基督教信众分布全市各乡镇。著名的寺庙有昭明寺、资国寺、灵峰寺、瑞云寺、天王寺、天竺寺等；太姥山寺庙有平兴寺、白云寺、香山寺、国兴寺等。佛诞日，寺庙朝拜者多，十分热闹。

沿海乡镇基督教与天主教的教堂较多，信徒周末都要去教堂做祷告，圣诞夜临近，信众都要为节日准备表演节目。

文献记载，明代以前官家要祭祀太姥娘娘，而且实行春秋二祭；因此民间流传"上山拜太姥，下海拜妈祖"，至今民间太姥信俗得以留存。每年七月初七信徒都要到太姥山朝拜祭祀太姥娘娘。

福鼎民间最普遍的是吃"福酒""福饭"，俗称"合福"。合福的日子每个地方时间不确定，它是按照村中的宫庙供奉哪个神仙，根据神仙寿诞的日子而定。有二月二土地神诞辰，三月十九或五月十八杨府爷生日，九月廿八华光大帝诞，十一月初六玉皇大帝寿诞等，不一而足。其缘起就是建宫庙时由村里头人捐资建宫，村里人集资聚餐，除去花销后余款作为一年宫庙维修、上香的日常费用，每年聚在一起，也使村里凝聚人气，农村至今保留着这一传统的习俗。

在古代，福鼎属于交通十分闭塞的地方，道教在福鼎农村十分流行，不同村庄供奉的神仙不同。沿海一带主要供奉妈祖、九使宫、土地宫；山区片区供奉陈靖姑（俗称奶娘嬷）、马仙宫、杨府爷、华光大帝、泗洲佛等。黄岗村则供奉周姓祖先周三虞。族谱记载周三虞把福鼎大白茶从太姥山引至黄岗村，周姓后人认定其为周氏茶祖，因此而供奉。正因为供奉各种宫庙，由此衍生吃"福酒""福饭"等民俗。

4. 物候

黄道周《月令明义》："鹖旦不鸣，虎始交，荔挺出。"这是说因天气寒冷，寒号鸟也不再鸣叫了；由于此时是阴气最盛时期，正所谓盛极而衰，阳气已有所萌动，所以老虎开始有求偶行为；"荔挺"为兰草的一种，也感到阳气的萌动而抽出新芽。

福鼎候应：蜡梅花开，马鲛鱼肥，苦柑上市。

蜡梅，至少在清代以前福鼎就有移栽，凌寒独自开。在清《福鼎县志》有载："梅花……黄山谷谓：'京洛间，有一种花，气香如梅，类女工捻蜡则成，因名蜡梅。'"

《福鼎县志》："马鲛，青斑，无鳞，有齿，又名章鲦。"马鲛鱼产于东海，福鼎滨临东海故而盛产。马鲛鱼是制作福鼎鱼片上佳的食材。

福鼎柑类有多种，其中有俗称苦柑的，也有叫瓯柑。清甜可口，因其苦味可以降火，备受消费者喜爱。《福鼎县志》："柑，《府志》：'《图经》木高一二丈，叶与枳无异，刺出茎间。夏出开白花，六七月成实，至冬黄熟可啖。'"县志描述的就是苦柑。

5. 民谚

下雪不冷化雪冷。

注释：下雪时，气候不寒冷，雪化时却使人感觉气温下降不少。

瑞雪兆丰年。

注释：下大雪可以杀死虫卵，使害虫减少。原来福鼎有时也会下雪，随着地球变暖，下雪比较少，但在太姥山上和较高海拔的乡镇，依然能看到小雪。

小雪下麦麦芒种，大雪下麦勿中用。

注释：小雪种小麦来年芒种才收割，如果延迟到大雪节气种麦，肯定没收成。

二、大雪茶事

茶园冬季封园管理是来年茶叶丰产的保证。清除茶园枯枝，为来年春茶创设良好环境；清理茶园续灌水设备、排水沟等。2022年福鼎市乡镇的干旱等级达到特旱、大旱标准，茶树因干旱死亡10%，茶叶减产，如茶园生态良好或者有蓄水、浇水设备，茶树长势良好，依然有嫩叶采摘。

为防止越冬病虫源，减少明春病虫害的发生，应做好茶园冬季封园工作。修剪后茶园喷洒生物农药矿物质或石硫合剂，石硫合剂或矿物质能杀死茶树病虫害的虫卵，使来年的害虫虫口数减少，大大减少病虫害的发生，起到"四两拨千斤"之效。

大雪节气临近春节，茶企为过年设计包装新的产品，也是为了更好地打响品牌。许多茶企都有自己的包装设计团队，在不断研发适合本茶企的包装。福鼎白茶品类众多，有白毫银针、白牡丹、寿眉、贡眉、紧压白茶、新工艺白茶、老白茶，其他还有栀子花白茶、陈皮白茶。茶企根据不同的产品与公司的品牌价值观进行设计包装，年年都需要推陈出新，吸引消费者的眼球。

三、适饮的福鼎白茶

大雪节气开始的这个月，就是阴气最重的一个月。雪花的形状虽有近百种，但无一例外，都是六瓣的。古代的易经认为 6 是最大的阴数，而且天一生水，地六成之。因此品饮 10 年以上的老寿眉，能把阴气压制，阳气提升。

中医认为寒为阴邪，最寒冷的节气也是阴邪最盛的时期。福鼎白茶，给人的印象是阴茶，其实阴阳互转，阴极转阳。老寿眉应当是福鼎白茶阳气最重的茶品类。从其汤色红色、酒红色、琥珀色，香气有枣香、药香、花香，滋味醇厚甘醇等，可以看出其茶性已经转换。

中国农业科学院茶叶研究所林智研究员团队每年来福鼎取福鼎白茶与老白茶的样品进行研究，他们分别抽取品品香、绿雪芽、鼎白、裕荣香的样品，检测

林中小雪（陈婷 摄）

黄酮含量。黄酮的量在老白茶中会出现较大的变化，这是老白茶茶性变化原因之一。

的确，人体自身感悟最为准确。寒冷的冬天，尤其在北方地区，一家人围炉煮着老寿眉，此时房间里茶香、枣香、药香四溢，品饮着一口暖心口的热茶汤，岂不惬意。

四、白茶食谱

大雪节气，饮食上都要多吃温热之品。由于五脏中肾为先天之本，其中所藏之精更是人体的最基本物质；冬季人体的消化吸收功能相对较强，因此适当进补不但能够提高肌体的免疫力，还能把滋补食物中的有效成分储存在体内，为来年开春乃至全年的健康打下良好的物质基础。大雪节气不宜吃过咸食物，以免损伤肾气。中药里的人参、枸杞、山药、何首乌、黄精、桑葚等都是补肾温阳的食

大雪菜式：贡眉乳鸽煲海参（林坤庸　作）

物。羊肉、海参、墨鱼性味温热，冬天食用有御寒温阳的作用。红枣、栗子、黑枣、黑芝麻、黑豆、黑米、核桃等能温补肾阳。主要时令蔬果：白萝卜、卷心菜、大白菜、洋葱、花菜、胡萝卜、芹菜、菠菜、芥菜、莴笋、西兰花、苹果、香蕉、柚子、梨、柿子、甘蔗、橘子、山楂。

大雪菜式：贡眉乳鸽煲海参

主料：乳鸽 2 只、水发海参 250 克。

辅料：十年陈以上的紧压贡眉 10 克、排骨、枸杞。

调料：精盐、鸡精、老酒、姜片、矿泉水。

制作方法：水发海参切条，备用；将乳鸽放入冷水锅内焯水，捞出后用冷水清洗干净；砂锅内倒入矿泉水，放入乳鸽、排骨和姜片用大火烧开，撇净浮沫，加入老酒去腥，加盖转小火煲 45 分钟左右。将贡眉醒茶后，装入煲汤袋内，与海参、枸杞一起投入砂锅内，用小火续煲 5 分钟至汤色呈琥珀色，香气有枣香、药香、花香，滋味醇厚甘醇时，捞出茶袋，调入精盐和鸡精搅匀即可。

菜式特点：茶香枣香药香四溢、乳鸽质地软烂。在寒冷的冬天，品饮一口热茶汤，能带来暖心和一种感动。

五、逛茶企，选佳茗

福建誉达茶业有限公司成立于 2004 年，是一家集茶叶种植、加工、销售、科研为一体的福建省农业产业化省级重点龙头企业。公司采取"公司＋基地＋农户"的管理模式，建立茶叶生产基地 11000 亩，通过农业部良好农业规范 GAP 认证、HACCP 认证及无公害基地和产品认证。

从 2007 年开始公司连续 15 年被中国茶叶流通协会认定为"中国茶叶行业百强企业""中国茶叶行业 AAA 信用企业""中国白茶十强企业"，被福建省科技厅评为"科技型企业"。

"誉达白茶"连续两届被授予福建省名牌产品，"誉达"商标连续两届评为福建省著名商标。研发"白茶萎凋恒温恒湿一体机""福鼎白茶饮料"等，取得

霜冻茶园（周勤 摄）

多项国家发明专利。

公司总经理周庆贺是第五代传人，被授予福鼎市级非物质文化遗产代表性传承人及福鼎十佳匠心茶人、中国制茶大师等荣誉称号。董事长周瑞银是第六代传承人，在首届福鼎白茶传统工艺制茶评选中荣获制茶大师称号，被授予福鼎市级非物质文化遗产代表性传承人。

公司努力树立"健康茶、优质茶、放心茶"的品牌形象。以广州为销售中心，拥有430余家加盟店，覆盖国内三分之二省份；产品还出口欧美、东南亚等国家。

第二十二章

冬至

茶山瑞雪（陈昌平　摄）

冬　至

陈竞雄

冬至阳生春又来，
品茶挥墨亦悠哉。
不消愁得添新岁，
懒向梅花觅一回。

一、冬至节气

1. 释义

每年公历12月21日或22日，农历一般在十一月，太阳到达黄经270°开始。

《淮南子·天文训》："两维之间，九十一度十六分之五，而日行一度，十五日为一节，以生二十四时之变。斗指子，则冬至，音比黄钟。"北斗斗柄日行一度，十五日为一个节气，运行一周就是二十四节气。斗柄指向子位，那么正是冬至，相应的是十二律中的黄钟。

古代有"冬至一阳生"之说，把冬至看作节气的起点。《御定月令辑要》："《孝经说》：斗指子为冬至。'至'有三义：一者阴极之至，二者阳气始至，三者日行南至。"天文学上规定冬至为北半球冬季开始。

《易经》中消息卦农历十一月对应的是复卦。复卦就是"一阳来复"。阳气在最寒冷的时候开始生发，但是大自然依然被阴寒所主宰，阳气只能潜伏于地下，积蓄力量，等待时机。

冬至这天，太阳虽低、白昼虽短，但是在气象上，冬至的温度并不是最低。时至冬至，标志着即将进入寒冷时节，民间由此开始"数九"计算寒冷天气。

2. 气候

冬至，既是二十四节气中一个重要的节气，也是中国民间的传统节日。冬至这天太阳光直射南回归线，太阳光对北半球最为倾斜，太阳高度角最小，是北半球各地白昼最短、黑夜最长的一天。冬至是反映太阳光直射运动的节气。冬至是"日行南至、往北复返"的转折点，对于北半球各地来说，自冬至起太阳高度回升、白昼逐日增长，冬至标示着太阳新生、太阳往返运动进入新的循环。

冬至时节，福鼎市日平均气温10.6℃，平均降水26.2毫米，平均日照61.0小时，福鼎市极端最低气温-5.2℃，出现在1999年12月23日，正是冬至节气。近十年冬至期间共发生4次寒潮天气过程，极端最低气温市区以2021年1月1日-2.1℃为最低，各乡镇极端最低气温以管阳镇西阳村2021年1月1日-7.2℃为最低。

冬季清园（朱乃章　摄）

冬至期间，茶树处于休眠时期，待到第二年春天，气温逐渐回升以后，茶树上越冬休眠芽才又开始萌动。当强冷空气影响下出现严寒的天气时，低温如果超过茶树能适应的范围，则将出现茶树冻害。

3. 民俗

冬至在古代都要进行祭祀活动，主要是祭天。皇帝举行隆重的祭天仪式，祈求来年风调雨顺。

福鼎民间，从旧时到全面实行火葬前，亲人死后葬棺后三年一定要拾骨骸，时间不能后延。这是因为棺材放置野外或葬入圹洞时间太长，不利遗骨的保存。拾骨骸的时间一般选在冬至日前后，冬至连同前后三日破棺拾骨不需再选择吉日，如在其他时间就要选个合适的日子。拾骨时，根据人体结构，从脚趾起到头颅，按顺序逐一将骨骸捡入"金瓶"。若不能及时葬墓的，要将"金瓶"先放置在风吹雨淋不到的地方，待日后安葬。

在福鼎民间，家家户户还保留冬至清早要吃汤圆的习惯。汤圆用糯米制作而成，糯米浸水后，磨成浆，浆压干后制作各种不同的汤圆，而且有"吃了冬至汤圆就长大一岁"的说法。在中国北方地区，冬至日有吃饺子的习俗。

4. 物候

黄道周《月令明义》物候："蚯蚓结，麋角解，水泉动。"蚯蚓缠绕着身体，结成块状，蜷缩在土里过冬。麋感阳气而解角。深埋在地下的水泉开始流动。

福鼎候应：夹竹桃开花，带鱼最盛，大白菜时令。

冬季依然开花的树种不多，夹竹桃从秋开到冬，又是古老品种。《福鼎县志》

载：“夹竹桃，《州志》：‘叶似竹，花似桃，秋开至冬。’”

《福鼎县志》“带鱼，《闽中海错疏》：‘带，冬月最盛，一钓则群带衔尾而升。’”尤其是带鱼在冬月最盛，冬月即农历十一月。

大白菜，在民间俗称“百姓之菜”，唯有经过霜打后的白菜，味道才特别鲜美。宋范成大《田园杂兴》：“拨雪挑来塌地菘，味如蜜藕更肥浓。朱门肉食无风味，只作寻常菜把供。”菘，即白菜，其盛赞冬日白菜之美味，说这个时节的白菜甜如蜜藕，但又比蜜藕更加鲜美。

5.民谚

夏至三庚入伏，冬至逢壬数九。

注释：所谓“数九”，即是从冬至逢壬日算起（亦有说法从冬至算起），每九天算一“九”，依此类推；数九一直数到“九九”八十一天，“九尽桃花开”，此时寒气已尽，冬寒就变成春暖了。

冬至前头七朝霜，有米无砻糠。

注释：冬至前就下至少七天的霜，稻谷饱满无谷壳。

冬至干，年兜烂；冬至烂，年兜干。

注释：冬至晴，过年就会下雨；冬至下雨，过年前晴。

冬至多风，寒冷年丰。

注释：冬至刮起北风，预示天气寒冷，年丰产。

冬至在月头，摇扇上高楼；冬至在月中，无雪又无霜；冬至在月尾，拾柴来烘火。

茶园施肥（福鼎市茶文化研究会　供）

注释：冬至在农历十一月上旬，天气热；在中旬，不会下雪与霜；冬至在下旬，气候寒冷。

二、冬至茶事

冬至时节，可在茶园里播撒鼠茅草等草籽，鼠茅草适合冬季播种，待萌发后来年生长，抑制其他杂草生长，实现以草治草，节约劳动力，又增加茶园肥力。

降温后，病虫害入地休眠前，要完成整体防控，有效降低成虫、若虫、虫卵的侵染。防控间隙可以追施光合菌剂等作为叶面促生及营养补充，能加强入冬后茶树抗冻能力，减少晚霜冻害的发生。

冬季封园，利用矿物油或石硫合剂喷洒茶园防治虫卵，减少来年害虫的虫口基数。

冬至时节，现在有流行采摘有机茶园粗老的叶片进行萎凋加工，形成冬片叶白茶。有的茶人特别喜爱粗老叶片制成的白茶，称为"冬片"。

三、适饮的福鼎白茶

冬至日，阴极之至，就是阴气盛极，藏入地下的阳气焕发新的生机，太阳行至南回归线，在这白昼最短、黑夜最长的日子，阳气始至。可以用"冬片"来对应冬至这个特殊日子。

"冬片"其实就是粗老的茶树叶片，利用特异工序制作成茶，是一种小众的白茶类，可以归为寿眉类，但是制作工艺如果到位，泡饮后滋味比寿眉更可口。

煮陈年的冬片效果会更佳，也会呈现荷香、糯香、枣香、稻谷香等，滋味以陈醇温润为主。陈年冬片存储后其内含物也会转化，而且因为粗老叶片的内含物成分本身与白毫银针、白牡丹存在较大的区别，存储过程中发生酶促反应也不一样，最终产生的物质也不一样。煮一些陈年的冬片，茶香、茶滋味很特别，体现冬至日的茶滋味。

四、白茶食谱

冬至菜式：白茶饺子

皮料：菠菜汁饺皮 400 克。

馅料：五花肉末、白茶青 100 克、皮冻、精盐、白糖、鸡饭老抽、料酒、葱姜水、色拉油等。

制作方法：把冷冻的白茶青和肉末充分搅拌，辅以调料，作为饺子馅，菠菜榨成汁与面粉擀成饺皮，使之有茶色感，包成柳叶饺状后，逐一放在刷过油的老白茶叶片（鲜）上，入笼蒸制 8 分钟，取出即可食用。

成菜特点：色感明显，茶香四溢，内外有茶。冬至，全国都有吃饺子的习俗，尤其在北方。白茶宴以茶为主题，配合全民的饮食习惯，制作白茶饺子。

冬至菜式：白茶饺子（邱尊水　作）

五、逛茶企，选佳茗

恒春源品牌创立于 2004 年，其前身为上世纪 90 年代农业合作社，是一家集种植、生产、加工、销售、开发为一体的宁德市农业产业化龙头企业，率先获得"有机白茶"全球六大认证，连续 19 年出口欧美市场。

六大有机认证。2004 年恒春源通过杭州中农认证的中国有机认证，为福建省首批企业；2007 年通过了欧盟、美国有机认证，远早于其他企业；2019 年通过美国雨林联盟认证，为福建省第四家、福鼎市首家企业；2019 年通过了钓鱼台原生态产品标准认证，为福建省首家企业；2021 年被生态环境部有机食品发展中心认定有机食品生产示范基地，为福鼎首家企业。2021 年通过了南京国环有机"大白茶"认证。

优越地理位置。天湖山有机茶园位于北纬 27°、东经 120° 的黄金产茶带的中国贡眉之乡——福鼎市佳阳畲族乡之巅，最高海拔 838 米，在福鼎范围内为最高产茶区域，常年云雾缭绕。天湖山自然生态稳定独立，为周边所属区域最高海拔，远离农户。山上独有山泉水供应，确保无污染源出现。单体面积近 2000 亩的有机茶园，其中母本群体种占了近 50% 的比例。因地理环境及茶园品质优异，被选为 2022 年第十一届福鼎白茶开茶节举办地。

茶园春雪（杜应影　摄）

第二十三章

小寒

龙山霁雪（李文迪　摄）

诗友小寒围炉感吟

张鼎泉

寒雪初停山色净，
朔风冷曳冻云长。
日来邀友围炉坐，
把酒吟诗品茗香。

一、小寒节气

1. 释义

每年公历 1 月 5 日或 6 日，农历一般在十二月，也有在农历十一月。太阳到达黄经 285 °开始。小寒节气，冷气积久而寒，"小寒大寒，冻成冰团"。小寒与大寒、小暑、大暑及处暑一样，都是指示气温冷暖变化的节气。

《淮南子·天文训》："加十五日斗指癸，则小寒，音比应钟。"冬至后增加十五日北斗斗柄指向癸位，就是小寒节气，其音与十二律中的应钟相当。

《月令七十二候集解》："小寒，十二月节。月初寒尚小，故云，月半则大矣。"小寒属节气，大寒属中气。

小寒节气开始，标志着开始进入一年中最寒冷的日子。小寒节气冷空气导致降温频繁，但达到寒潮标准的天数并不多。

2. 气候

小寒时节，正处在三九前后，开启了进入一年中福鼎市最冷的三个节气，分别为小寒、大寒和立春，平均气温降至 10℃以下。

此时，地表储存的热量降至最低，北方冷空气活动频繁，常出现较强寒潮天气。我国大部分地区气温下降明显，北方天寒地冻，滴水成冰，福鼎晴雨交替，一场雨一场寒。

小寒期间，福鼎市平均气温 9.7℃，平均降水 25.3 毫米，平均日照 48.2 小时，极端最低气温 -4.3℃。2021 年 1 月受多次冷空气影响，1 月乡镇

藏茶馆（刘学斌　摄）

最低气温以管阳镇西阳村 -8.0℃为最低。

3. 民俗

在民间，小寒时节一般在腊八节有吃腊八粥习俗。福鼎佛教盛行，寺庙众多。腊月初八是佛祖释迦牟尼在菩提树下得道之日。福鼎很多寺庙会煮腊八粥，供僧众与信众吃。

腊八粥缘起宋代浴佛会。宋孟元老《东京梦华录·十二月》："诸大寺作浴佛会，送七宝五味粥与门徒，谓之腊八粥。"

传说明朝开国皇帝朱元璋小时候讨饭时，在老鼠洞里扒出食物煮熟充饥。当皇帝后，有次让厨师煮粥正好在腊月初八，故称为腊八粥。在《明宫史》记载："初八日，吃腊八粥。"

腊八粥一般采用当地八种食材，大米、糯米、绿豆、花生、赤豆、豇豆、红枣、龙眼肉等，煮成的粥。与《燕京岁时记·腊八粥》记载有别："腊八粥者，用黄米、白米、江米、小米、菱角米、粟子、红豇豆、去皮枣泥等，和水煮熟，外用染红桃仁、杏仁、瓜子、花生、榛穰、松子及白糖、红糖、琐琐葡萄，以作点染。"

4. 物候

黄道周《月令明义》："雁北乡，鹊始巢，雉始雊。"大雁北迁，喜鹊筑巢，野鸡鸣叫。此时阳气已动，所以大雁动身向北，阳气初动，可以看到喜鹊，开始筑巢；漂亮的稚鸟感知阳气的生长，开始鸣唱高歌。

茶亭初雪（福鼎市茶文化研究会　供）

二十四节气中只有白露和小寒是完全以鸟类作为物候标识的。古人认为，"禽鸟得气之先"，鸟类在感知阴阳之气流转方面有难以比拟的天赋。

福鼎候应：山茶花开，龙头鱼肥嫩，萝卜甜脆。

山茶花品种多样，有花开红色、红色、橘红色、黄色等，其完全适应福鼎的气候。山茶花属山茶科植物，茶树也是山茶科植物。《福鼎县志》："山茶，《府志》：'花深红色，冬盛开。东坡诗：叶厚有棱犀甲健，花深少态鹤头丹。'"

龙头鱼，福鼎方言叫"水鳝"，又名水潺、龙头鲑。在《福鼎县志》明确记载："风蟒鱼，俗呼烂蜒，形似龙形，深白如银鱼，无皮鳞，骨软弱，霜降后渐肥而甘，干为龙头鲑。"

"冬吃萝卜夏吃姜，不用医生开药方。"小寒时节萝卜经过霜冻，特别甜脆。《福鼎县志》："萝卜，《州志》：'又有黄色者，名胡萝卜。'"萝卜、胡萝卜也是自古种之。

5.民谚

十二月南风现时报。

注释：十二月间若吹南风，则马上下雨。

小寒不寒，清明泥潭。

注释：小寒如果不寒冷，来年清明时节雨纷纷。

冷在三九，热在中伏。

注释：一年中，小寒是三九寒天，天气寒冷；夏天最热在中伏。

小寒节日雾，来年五谷富。

注释：小寒节日下起雾，来年风调雨顺，五谷丰登。

二、小寒茶事

茶园管理是根本，时至小寒，气温降低，茶芽不会萌发，看似茶园农事已经停摆，其实茶园还有许多农事可做。比如清除茶园枯枝，茶园枯枝产生是新陈代谢的结果。老的枝条脱落，也有修剪遗留下来的枝条，这些枯枝没有营养价值，

小寒时节（刘学斌　摄）

会影响茶园中有益的花草生长，并且容易滋生病虫害，因此清理茶园枯枝十分必要。

石硫合剂进行喷洒封园。石硫合剂由石灰、硫黄加水煮制而成，常用配料比为生石灰：硫黄：水 =1：2：10。石硫合剂的碱性可侵蚀害虫表皮蜡质层，可杀死蜱、螨、介壳虫及其卵，在空气中的氧和二氧化碳作用下形成硫黄微粒，气化产生硫蒸气，可干扰病原菌或害虫呼吸过程而起毒杀作用。

在极端天气会产生冻害，茶园多种植树木，各种植物相互作用，冻害不易发生。

茶叶是食品，保持清洁的卫生环境是必须的，茶企要做好厂内各项卫生工作，进行设备维修和维护。时至小寒，繁忙的春茶与秋茶初加工已停止，茶叶精制包装依然持续，紧压白茶工序照常进行。

三、适饮的福鼎白茶

小寒气候，阳气萌动。老寿眉茶不寒不热，含有多种氨基酸，冬日里常饮可祛风寒。白茶素有"一年茶、三年药、七年宝"之说，因此寿眉存放时间越长，其价值越高，极具收藏价值。寿眉中茶多酚含量较其他茶类偏低，随着储藏时间的推移，含量逐年减少，这与茶叶在存放过程中，多酚类物质的自动氧化、聚合生成了茶色素物质有关，所以老茶的茶汤色泽会不断加深，滋味醇厚。经常适量喝老寿眉，可以增强免疫力，促进消化，增进食欲。经过多年存储的老寿眉，茶性会变得很温和，适合多数人饮用，不用担心喝了之后会刺激肠胃。真正的老寿眉，无论存放多长时间，味道上都是非常自然的，闻起来有很舒适的清香味。陈 5 年以上的寿眉是小寒围炉里的首选饮品，7年以上的老白茶往往能出现药香与参香。

2021年5月制定的《老白茶》团体标准：老白茶按品质风格分为陈蜜型、陈醇型、陈药型三类，每一类分为一级、二级、三级。老白茶汤色橙红至深红，通透亮丽，香气陈醇浓郁，带药、参、木香，滋味醇厚润活，陈韵显露，叶底软亮就是陈药型一级的标准。

四、白茶食谱

小寒菜式：寿眉流沙球

1.面皮的制作

材料：糯米粉500克、白糖、澄面、清明时节采摘的福鼎白茶茶青50克、抹茶粉30克、猪油、白茶面包糠、冰水。

制作方法：先把新鲜的白茶嫩芽放入沸水锅内烫3秒钟，捞出用冷水冲凉，挤干水分，用刀剁成末备用；澄面放入盆内用开水烫熟，备用。将糯米粉、白糖、抹茶粉、烫熟的澄面、剁好的白茶末、猪油一起放入盆中，加入水和匀。刚刚打好的面团偏软不好包制，面团要放冷藏几个小时再进行制作。如果赶着出品，可以使用食用冰块加水化开，使用冰水打皮，就可以缩短冷藏的时间。取面团包入适量的奶黄流沙馅料。搓成圆形，表皮喷水，再裹上白茶月牙面包糠。

2.流沙馅馅料配方

材料：咸蛋黄、家乐金沙咸蛋黄风味调味料、幼砂糖、椰浆、黄油、猪油、安佳全脂奶粉、罗拔臣鱼胶粉。

小寒菜式：寿眉流沙球（邱尊水 作）

制作方法：先把咸蛋黄蒸熟，然后用刮板压碎备用；将咸蛋黄碎、幼砂糖、椰浆、黄油、猪油、奶粉、调味料倒入盆中搅匀加封一层保鲜膜，放入蒸箱蒸20分钟，趁热放入化开罗拔臣鱼胶液搅匀，自然放凉，然后放入冷藏冰箱内备用。

成菜特点：外酥内流、茶味幽香，为地标美食。

糯米性甘温，李时珍认为："暖脾胃，止虚寒泄痢，缩小便。"

食糯米一直是老百姓的御寒法宝，它的支链淀粉高达90%以上，格外软糯饱肚，一到真寒冬季节，老百姓就靠吃它抵御寒风。

五、逛茶企，选佳茗

创建于2015年的福鼎市师传茶业有限公司，其基地就位于黄岗村这片深山中，茶园距离厂房6分钟车程，最短时间让茶青上筛晾晒。茶园坚持人工锄草，60多年不施药、不施肥，近看茶树泛黄，营养不良，人称：乞丐版茶园。头春之后，茶园遍筑蚁巢，蚂蚁需要哺育下一代，四处寻觅茶叶背面红的、黄的、白的虫卵吃个干净，无须人为洒药，又称：不杀生茶园。

师者，传道授业解惑也。师传一直秉承白茶传统古法技艺，不炒不揉，日光萎凋，打堆存放，文火烘焙，让每一片鲜叶天然原生态，完整保留了五层次茶香，每一泡尽显茶王品质。2010年白毛茶保质留香荣获国家发明专利，一举攻克白牡丹"闻起来有花香，喝起来无花香"难题，破解了"花香不落水"与"花香融于水"的制作密码。

继先祖之志、承自然之法。师传秉"天生、草养、心作"之理念、持"制最优白茶"之宗旨，因量稀有只售散茶，所制福鼎白茶获茶界泰斗张天福首肯。

源头人工干预几乎为零，正如福建农林大学孙威江教授所提倡：好的茶园什么都不要用，无为而治。2020年7月通过515项瑞士SGS检测，10月首家获得中国森林食品原材料认证基地，全国仅三家茶企获此殊荣。

第二十四章

大寒

大寒·茶园瑞雪（李文迪 摄）

大寒日小聚饮茶

刘丽云

天寒地冻聚君家，

小煮炉前老白茶。

谈笑风生香气里，

墙头忽见早梅花。

一、大寒节气

1. 释义

每年公历 1 月 20 日或 21 日，农历一般在十二月，太阳黄经达 300°时开始。

《淮南子·天文训》："加十五日指丑，则大寒，音比无射。"增加十五日北斗斗柄指向丑位，便是大寒节气，其相应的是十二律中的无射。

农历十二月的消息卦是临卦，临卦倒过来就成观卦，从临卦到观卦正好八个月，是"八月有凶"的出处。《易经》"临：元亨利贞。至于八月有凶。"临卦最为通达，适宜正固，八月大水漫过大地，当然有凶了。

《二十四节气解》中说："大者，乃凛冽之极限。"大寒是天气寒冷到极致的意思。

2. 气候

此时，北方冷空气活动频繁，常有强寒潮出现，气温急剧下降，最低气温降幅可达 10℃以上，大风、降温、雨雪让天气变得更加寒冷。大寒之后，春将至，大地也在悄悄回暖，春天的脚步已不远，此时，会出现一种俗称"小阳春"的天

茶山雪景（郑雨景　摄）

气。在晴朗无风之时，会出现风和日丽、温暖舒适的美好天气，如 2021 年 1 月 30 日至 2 月 3 日气温回升，其中 2 月 3 日市区最高气温 26.8℃，为大寒节气期间历史最高值。

大寒时节，福鼎市日平均气温 8.9℃，平均降水 34.8 毫米，平均日照 49.3 小时，是福鼎市全年最冷的节气。如 2016 年受北方强冷空气的影响，1 月 22 日起气温急剧下降，降温幅度达 10℃，1 月 25 日市区极端最低气温 -4.2℃，乡镇以叠石乡 -7.2℃ 为最低，山区乡镇伴有小雪并有积雪，24 ~ 26 日全市天气晴冷，有严重霜冻和冰冻。

在严寒到来之前，如果有降雨、降雪的天气，则空气湿度、土壤湿度都高，此后，即使有较强冷空气影响，茶园中气温、土温下降速度，比晴天干旱情况下降慢，且强度也弱一些。如果冷空气到来之前，园中即有积雪覆盖，则茶树枝叶在雪覆盖保护下，仍保持较高叶温和体温，不致受到新来冷空气的直接侵袭而遭到冻害。

3. 民俗

大寒一过，又开始新的一个轮回，正所谓冬去春来。每到大寒至立春这段时

草堂茶室（福鼎市茶文化研究会　供）

间，有很多重要的民俗，如除旧布新、制作腊味及祭灶、尾牙祭等。

尾牙祭，亦称"做牙""做牙祭"等，民间有做完牙祭后全家坐一起"食尾牙"的习俗。现代企业流行的年底"年会"即是由尾牙祭发展而来。

祭灶，祭祀灶神。农历十二月二十四为祭灶日，范成大《石湖诗集·祭灶》："古传腊月二十四，灶君朝天欲言事。云车风马小留连，家中杯盘丰典祀。猪头烂熟双鱼鲜，豆沙甘松粉饵团。男儿酌献女儿避，醉酒烧钱灶君喜。"福鼎一般在腊月二十三"小年"祭灶，家中祭灶，白米饭必不可少，鱼、肉、豆制品等煮熟祭祀。

4. 物候

黄道周《月令明义》："鸡始乳，征鸟厉疾，水泽腹坚。"鸡开始生蛋孵卵；鹰隼疾飞，捕食动物，补充能量，抵御严寒；水泽冰冻，冻到水的中央，十分坚实。

福鼎候应：水仙花开花，牡蛎肥嫩，花椰菜时令。

清版《福鼎县志》："水仙，一名金盏玉台。"水仙花在清代以前福鼎就有培植，寒冷的天气水仙开花，使人们在春节、正月充满喜气。

牡蛎在清代就用竹插入海中养殖，味道特佳。在《福鼎县志》载："蛎房，有黄蛎、岩蛎，皆附石生。一种用竹植海中种之，其味尤佳。"

花椰菜，福鼎居民统称其为花菜。正月里时令蔬菜较少，花菜的生长周期比较长，年前十二月就可食的花椰菜，往往可延至雨水节气里售卖。

5. 民谚

大寒不寒，人马不安。

注释：大寒日不冷，可以卜知来年人畜会发生较多的疫情。

十二月南风现时报。

注释：如果在十二月间刮南风，就会出现下雨的状况。

要寒大小寒，要热大小暑。

注释：一年之中最寒冷的是大寒、小寒，最热的是大暑与小暑。

二、大寒茶事

大寒节气是茶树一年中休眠最深的时候，也是进入孕育银针的最佳时机。因为只有经过了霜雪冻以后，虫害疾病会急速下降，来年的银针才会芽头肥壮、披满白毫，闪烁如银，挺直如针。

茶园可进行清除枯枝，或者用稻草、杂草铺在茶园里保温，有利于茶根的生长发育。根为本，根生长发育良好，春季茶芽萌发就肥壮，萌发时间能够提前。

冬季封园十分重要，从冬至到大寒都可以进行封园。用石硫合剂或者矿物油进行封园，杀死虫卵。

一年之中茶叶精制加工基本进入尾声，茶企更多的是进行设备维修、维护，为来年春茶季开始做好准备，同时做好厂内卫生工作，迎接春节的到来。

三、适饮的福鼎白茶

大寒时节，适合用陈7年以上的老白茶加陈皮煮饮。陈皮味苦、辛，性温，理气健脾，燥湿化痰，与陈年紧压白茶共煮，能激发茶与陈皮的功效。

老白茶煮着喝，茶香里往往散发着红枣的香味，枣香健脾，紧压白茶走脾经，陈皮也有理气健脾作用，两者相互作用，品饮后就会有卢仝《七碗茶歌》中的发轻汗甚至肌骨清之感。

近年来，有些茶企直接把陈皮与茶叶一起进行紧压，冲泡、携带更方便，也有茶人喜爱单独用陈皮加白茶一起煮饮。

陈年白茶在市场十分走俏，原因就是泡饮滋味陈醇韵、香气有独特性。真正的陈10年以上的白茶存量不是很多。主要原因是福鼎白茶公共品牌诞生在2007年，白茶之前都销往国外，国内很少有人存储老白茶；老白茶在国内市场被认可是在2012年前后。紧压白茶研制与推广时间在2006年前后，紧压白茶的国家标准发布时间是2015年7月，实施在2016年2月，紧压白茶被市场认可也是在2010年前后。因此，市场上陈20年以上的白茶，有着年份造假之嫌。

四、白茶食谱

大寒菜式：茶汤鱼羊鲜

主料：崳山羊肉、鱼丸。

辅料：7 年陈以上的紧压寿眉 15 克、红枣、板栗。

调料：精盐、鸡精、老酒、生姜、矿泉水。

制作方法：将崳山羊肉砍成小块状，放入冷水锅内焯水，撇净浮沫，捞出洗净；取一个大砂锅，倒入矿泉水、崳山羊肉、生姜、精盐和老酒，大火烧开后撇净浮沫，转小火加盖煲制 1.5 小时（红枣和板栗中途再放入），投入醒过茶的紧压寿眉茶包续煲 10 分钟至茶味醇厚时，再放入鱼丸转大火煮熟，最后捞出茶包，调入鸡精补味，即可食用。

成菜特点：鱼羊合烹确实鲜，融入 7 年陈以上的紧压寿眉煲制，能生发阳气，抵御严寒，充分调动人体初动的阳气。

大寒菜式：茶汤鱼羊鲜（郑贝贝　作）

五、逛茶企，选佳茗

福鼎市桑湖茶业有限公司位于国家级生态镇磻溪镇湖林村，配备标准化制茶设备车间。公司管理茶园面积达 500 亩，茶园海拔在 500~700 米，茶园与成片的毛竹、灌木、阔叶林混生，构成典型的生态茶园。

桑湖白茶，顺阳而生，择址福鼎白茶核心产区，山高林密，云蒸雾绕，生态植被保护良好，延续了茶叶生长的自然秘境，赋予了桑湖白茶香高、水甜、韵足、耐泡的独特品质。遵循科学的茶园生态管理模式，坚守"万物皆有生命"的生态平衡守则，让每一片茶叶都生长得健康营养。

桑湖白茶，秉承先辈族人的敬业精神，以天地人和为理念。坚持传统工艺之精髓，低温慢焙，唤醒每一片叶子的灵魂，尽人力之慢，添手艺之精，享芬芳之雅。

桑湖白茶，为精致而生。丰富的产品矩阵，充满设计感的创新元素，场景化的便携运用，我们以洞悉消费需求为己任，重新定义白茶美学新高度。严谨的入库和仓储标准，翔实可见的一品一码，开启每一片叶子的传奇史诗。卓越的品质典范，不仅是口碑，更是一代代传承的艺术。期待福鼎白茶的清甜与温顺，带给您惬意新享受。

大寒煮茶（福鼎市茶文化研究会　供）

参考文献

[1] 谭伦 . 福鼎县志（清嘉庆十一年）[M]. 福鼎县地方志编纂委员会，1988.

[2] 陈广忠 . 二十四节气与《淮南子》[M]. 北京：中国文史出版社，2018.

[3] 紫晨 . 茶道经 [M]. 上海：复旦大学出版社，2019.

[4] 刘天华 . 易经的逻辑 [M]. 南宁：广西师范大学出版社，2018.

[5] 紫晨 . 二十四节气茶事 [M]. 上海：上海科学技术出版社 2021.

[6] 陆羽，陆廷灿 . 茶经·续茶经 [M]. 北京：新世界出版社，2014.

[7] 杨应杰 . 解读福鼎白茶 [M]. 厦门：鹭江出版社，2021.

[8] 福建省福安专署茶业局，茶业科学研究所 . 闽东茶树栽培技术 [M]. 福州：福建人民出版社，1960.

[9] 林振传 . 白茶 [M]. 北京：中国文史出版社，2017.

[10] 周瑞光 . 福鼎旧志汇编 [M]. 厦门：厦门大学出版社，2012.

[11] 北京中医学院 . 内经释义 [M]. 上海：上海人民出版社，1972.

[12] 陈祖槼，朱自振 . 中国农史专题资料汇编·中国茶叶历史资料选辑 [M]. 北京：农业出版社，1981.

[13] 黄耀红 . 天地有节 [M]. 北京：三联书店，2019.

[14] 陈兴华 . 福鼎白茶 [M]. 福州：福建人民出版社，2012.

[15] 唐志强 . 二十四节气深阅读 [M]. 济南：山东省地图出版社，2022.

后 记
POSTSCRIPT

2021年底，福鼎市茶文化研究会计划来年编写一本关于福鼎白茶的书籍，集体讨论过程中，提出在二十四节气每个节气办茶会，突然灵光一现，就确定书名《二十四节气与福鼎白茶》。随即从茶文化研究会会员单位公开征集编委，茶文化研究会成员响应十分热烈，很快就组成了本书的编委。

2022年2月，北京冬奥会开幕式，二十四节气成为开幕式的序曲，展现在世人面前，编委认为选题无比正确。可是，编写书本大纲时犯难了，因为如何将二者合一编成一本书，我们感到无从下手。历经1个多月的讨论、酝酿，编写大纲终于成型。紧接着走访茶企，采访当地民俗专家、茶农、菜农、渔民等，为本书广泛收集原始资料。

为了撰写本书，编委会开办系列读书会与多场座谈会，分别召集福鼎市太姥诗社成员、福鼎市烹饪协会厨师、福鼎当地名中医、24家茶企编委等，参与读书会活动和座谈会，让书的内涵逐渐丰厚。

茶界资深学者姚国坤、福鼎市委书记林青为本书作序。本书编写过程得到福建中医药大学梁一池教授，福鼎市气象局林笑茹，民间剪纸大师上官秀明，福鼎烹饪大师刘元建，福鼎市兰花协会杨礼松，生态茶园管理师吴承慈文字支持；白荣敏、吴鸿飞、雷利章、汪敬德、江绍彼等为本书提出意见和建议；以及福鼎市摄影家协会和福鼎市太姥诗社、福鼎市道重创意设计有限公司等大力支持，在此一并感谢！

由于编者能力有限，时间仓促，书中误漏之处在所难免，敬请各位读者见谅，并批评指正。

编者

壬寅年冬月